普通高等教育"十一五"国家级规划教材配套参考书

U0185194

大学计算机实验

（第4版）

主　编　夏　欣
副主编　孟宏源
编　著　葛　龙　李洪莹
　　　　肖　铭　贾　鹏

中国教育出版传媒集团
高等教育出版社·北京

内容提要

本书以计算思维为导向，以培养学生的计算机综合素质为目的，从计算机硬件、计算机软件和网络应用3个层面设置实验内容，以满足不同专业不同层次的学生对计算机基础教学与实践的需求。全书共8章，包括微型计算机的硬件构成、微型计算机的基本维护、Windows 11 操作系统、MacOS 操作系统、Word 2016 应用实验、Excel 2016 应用实验、PowerPoint 2016 应用实验、计算机网络等。

为适应在教师指导下的学生自主学习新模式，本书对计算机硬件、软件和网络应用领域所涉及的基本知识进行了较详细的介绍，同时配有相应的操作视频，方便开展开放性、自主性实验教学，从而提高学生分析问题和解决问题的能力。

本书可作为高等院校大学计算机课程的配套实验教材，也可作为各类计算机基础培训、全国计算机应用技术证书考试的培训教材或计算机爱好者的自学用书。

图书在版编目（CIP）数据

大学计算机实验 / 夏欣主编；孟宏源副主编 . -- 4 版 . -- 北京 : 高等教育出版社，2023.8
ISBN 978-7-04-060986-8

Ⅰ. ①大… Ⅱ. ①夏… ②孟… Ⅲ. ①电子计算机-高等学校-教材 Ⅳ. ①TP3

中国国家版本馆 CIP 数据核字（2023）第 146482 号

Daxue Jisuanji Shiyan

| 策划编辑 | 刘　娟 | 责任编辑 | 刘　娟 | 封面设计 | 李卫青 | 版式设计 | 徐艳妮 |
| 责任绘图 | 邓　超 | 责任校对 | 窦丽娜 | 责任印制 | 韩　刚 | | |

出版发行	高等教育出版社	网　　址	http://www.hep.edu.cn
社　　址	北京市西城区德外大街4号		http://www.hep.com.cn
邮政编码	100120	网上订购	http://www.hepmall.com.cn
印　　刷	运河（唐山）印务有限公司		http://www.hepmall.com
开　　本	787 mm×1092 mm　1/16		http://www.hepmall.cn
印　　张	16	版　　次	2016 年 8 月第 1 版
字　　数	360 千字		2023 年 8 月第 4 版
购书热线	010-58581118	印　　次	2023 年 8 月第 1 次印刷
咨询电话	400-810-0598	定　　价	33.30 元

前　言

我国的大学计算机基础教育，从 20 世纪 90 年代开展的"计算机文化"教育开始，经历了从普及流行软件的操作和应用，到传授计算机基础知识、技术与方法，引导学生利用计算机解决所学专业领域中的实际问题，目前更加强调在重技术与应用的基础上加强"思想的教学"。

以计算思维为核心的大学计算机课程改革，其目的是通过梳理大学计算机基础教学的核心知识体系，通过教学内容、教学案例和教学方法的改革，将计算思维培养建立在知识理解和应用能力培养基础上。引导学生正确掌握计算思维，这对其将来从事任何事业，伴随其终身学习都是有益的。我们应从教学和实验两个环节，培养学生的"计算思维"能力，激发学生的创新精神，通过学生自主调研和学习，促进"计算思维"与学生所学专业的充分融合。

本书以计算思维和智能方法为指导，从计算机硬件、计算机软件和网络应用 3 个层面分 8 个章节设置实验内容。全书主要由微型计算机的硬件构成、微型计算机的基本维护、Windows 11 操作系统、Mac OS 操作系统、Word 2016 应用实验、Excel 2016 应用实验、PowerPoint 2016 应用实验、计算机网络等 8 章组成；介绍了当前微型计算机最新的硬件技术，增加了 MacOS 操作系统的应用实验，同时更加全面地介绍了 Microsoft Office 2016 和计算机网络的应用。尤其是在 Excel 部分增加了利用 Excel 的公式和函数实现人工智能简单算法的实验。

本书为新形态教材，读者可以通过扫描二维码查看相关数字化资源。全书最大的特点是深入浅出的实验设置，配以清晰的实验视频，适合不同专业不同层次的学生自学操作，学生可根据自己的计算机能力自主进行上机实验。本书还配套相关实验的实验素材，请登录与本书配套的 Abook 网站下载，网站网址为 http://abook.hep.com.cn/18610284。

本书由夏欣担任主编，孟宏源担任副主编。其中第 1 章由孟宏源编写；第 2、3 章由肖铭编写；第 4、8 章由葛龙编写；第 5、7 章由夏欣编写；第 6 章由李洪莹编写。本书数字化资源由贾鹏、孟宏源、夏欣、葛龙、肖铭、李洪莹编辑制作。黄泽斌、李霓、王忠平、傅锟、叶勇、罗雷等参与了本书的素材收集、整理及部分内容的编写。

本书为四川大学立项建设教材。本书在编写过程中，一直受到四川大学教务处、计算机学院、计算机基础教学实验中心领导和老师们的指导与帮助，并得到了高等教育出版社的大力支持，同时也参阅了大量的图书资料和科技文献。在此一并表示最诚挚的谢意！

由于时间仓促，加之作者水平有限，书中难免会有不足和疏漏，恳请读者不吝指正。

编者

于成都·四川大学

2023 年 5 月

目　录
CONTENTS

第 1 章　微型计算机的硬件构成

【本章知识要点】

❶ 微型计算机的系统构成
❷ 主板的结构
❸ 微处理器的性能比较
❹ 内存条的分类及安装
❺ 显卡的分类及安装
❻ 硬盘的分类及安装
❼ 键盘的使用

1.1　微型计算机的系统构成

随着 IT 技术的发展，特别是计算机输入输出技术的不断更新，使得计算机越来越便于人们掌握和使用。我们大多数人日常使用的个人计算机（PC）或都属于微型计算机，笔记本电脑等完整的微型计算机系统是由硬件系统和软件系统构成的。

1.1.1　实验一　微型计算机的硬件系统

【实验目的】
掌握微型计算机的基本硬件构成，对微型计算机硬件有一个全新的认识。

【实验任务】
认真学习实验内容，上网查阅相关资料，全面了解微型计算机的硬件构成。

【实验内容】
微型计算机主要由主机和外设两部分组成，如图 1.1 所示。主机包括微处理器、内存和各种接口；外设主要包括输入设备、输出设备和外存储器。通常情况下，人们把输入输出设备统称为终端。

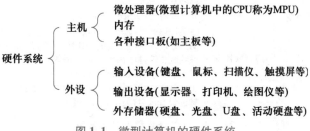

图 1.1　微型计算机的硬件系统

微型计算机硬件结构及工作原理如图 1.2 所示。

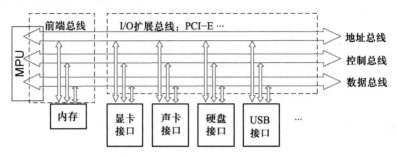

图 1.2 微型计算机硬件结构及工作原理示意图

从图 1.2 可以看出：外设与主机交换数据必须经过专用接口的转换，共用扩展总线与主机通信。近 40 年来，计算机技术的发展不仅使 CPU 与内存性能大大提升，也促进了总线与接口控制技术的发展。在同一 CPU 时代，总线的性能决定了内存的配置和外设接入的兼容性。现代微型计算机具有多媒体处理能力和联网功能，因此除了基本的硬件配置外还应有声卡、网卡、显卡等，新一代的主板基本上都集成了这些接口电路，方便用户使用。

1.1.2 实验二 微型计算机的软件系统

【实验目的】
1. 掌握微型计算机软件系统的分类。
2. 掌握系统软件与应用软件的区别。

【实验任务】
1. 通过实验内容的学习，了解微型计算机软件系统构成。
2. 查阅资料，结合自己的专业方向，了解与自己专业相关的计算机软件的使用方法。

【实验内容】
微型计算机的软件系统分为系统软件和应用软件两大类，系统软件支持机器运行，应用软件满足业务需求，如图 1.3 所示。任何应用软件的安装和运行都需要系统软件的支撑，系统软件的安装和运行需要计算机硬件的支撑，用户通过安装在计算机中的软件来使用和控制计算机。面对日新月异、种类繁多的硬件配置和个性各异的应用需求，软件系统也在不断地更新与发展。

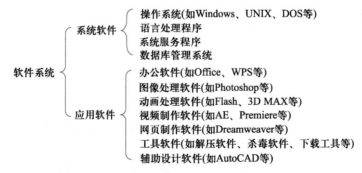

图 1.3 微型计算机的软件系统

硬件是组成计算机的基础，软件才是计算机的灵魂。计算机的硬件系统只有在安装了软件后，才能发挥其应有的作用。使用不同的软件，计算机可以完成各种不同的工作。配备上软件的计算机才成为完整的计算机系统。

1.2　主板

计算机主板又称主机板（mainboard）、系统板（systemboard）或母板（motherboard）。它安装在机箱内，是微型计算机最基本的也是最重要的部件之一。主板一般为矩形电路板，上面布设和安装了组成计算机的主要电路系统，一般有 BIOS 芯片、I/O 控制芯片和面板控制开关接口、指示灯插接件、扩充插槽、主板及插卡的直流电源供电接插件等元件。

主板采用了开放式结构。主板上大都有 6~15 个扩展插槽，供 PC 外围设备的控制卡（适配器）插接。通过更换这些插卡，可以对微型计算机的相应子系统进行局部升级，使厂家和用户在配置机型方面有更大的灵活性。总之，主板在整个微机系统中扮演着举足轻重的角色。可以说，主板的类型和档次决定着整个微型计算机系统的类型和档次，是用户在 DIY 装机时首先考量的部件。主板的性能也影响着整个微型计算机系统的性能。

1.2.1　实验三　主板的构成

【实验目的】
1. 掌握主板的重要性。
2. 掌握主板的构成及各部件的功能。

【实验任务】
观察主板结构图，了解主板的构成以及各部件的功能。

【实验内容】
主板是微型计算机中最大的一块印制电路板，它是连接 CPU、内存与各种外设的桥梁，主板主要由各种不同架构标准的总线、接口组成，如图 1.4 所示。

图 1.4　主板结构图

1. 主板芯片组

主板芯片组（chipset，以下简称芯片组）是主板的核心组成部分，是 CPU 与周边设备沟通的桥梁。对于主板而言，芯片组几乎决定了这块主板的功能，进而影响到整个计算机系统性能的发挥。芯片组性能的优劣，决定了主板性能的好坏与级别的高低。CPU 的型号与种类繁多、功能特点不一，如果芯片组不能与 CPU 良好地协同工作，将严重地影响计算机的整体性能甚至导致其不能正常工作。

芯片组是由过去 286 时代的超大规模集成电路——门阵列控制芯片演变而来。可按用途、芯片数量、整合程度的高低来分类。

（1）按用途分类：可分为台式机芯片组、笔记本电脑芯片组、服务器/工作站芯片组等类型。

● 台式机芯片组

台式机芯片组除了有强大的性能外，还兼具良好的兼容性、互换性和扩展性。相较于笔记本芯片组和服务器/工作站芯片组，其性价比是最高的，扩展能力也是最强的。

● 笔记本电脑芯片组

在最早期的笔记本电脑设计中由于没有单独的笔记本芯片组，所以均采用台式机芯片组，随着计算机技术的发展，笔记本专用 CPU 出现了，就有了与笔记本配套的笔记本芯片组。相较于台式机芯片组和服务器/工作站芯片组，笔记本芯片组能耗较低，稳定性较好，但综合性能和扩展能力是三者中最弱的。

● 服务器/工作站芯片组

服务器/工作站芯片组的综合性能和稳定性在三者是最高的，部分产品甚至能支持全年满负荷工作；在支持的内存容量方面也是三者中最高的，能支持高达十几 GB 甚至几十 GB 的内存容量；因其对数据传输速度和数据安全性要求最高，所以其存储设备也多采用 SCSI 接口而非 IDE 接口，而且多采用 RAID 方式提高性能和保证数据的安全性。

（2）按芯片数量分类：可分为标准的南、北桥芯片组和高度集成的芯片组。

● 北桥芯片

北桥芯片提供对 CPU 类型和主频、系统高速缓存、主板的系统总线频率、内存管理（内存类型、容量和性能）、显卡插槽规格、ISA/PCI/AGP 插槽、ECC 纠错等的支持。目前大多数的北桥芯片都集成在 CPU 中。

● 南桥芯片

南桥芯片提供对 I/O 的支持，提供对 KBC（键盘控制器）、RTC（实时时钟控制器）、USB（通用串行总线）、Ultra DMA/33(66)EIDE 数据传输方式和 ACPI（高级能源管理）等的支持，以及决定扩展槽的种类与数量、扩展接口的类型和数量（如 USB 2.0/1.1、IEEE 1394、串口、并口、笔记本电脑的 VGA 输出接口）等。

北桥芯片和南桥芯片的识别也非常容易。以 Intel 440BX 芯片组为例，它的北桥芯片是 Intel 82443BX 芯片，通常在主板上靠近 CPU 插槽的位置，由于芯片的发热量较高，在这块芯片上装有散热片。南桥芯片在靠近 ISA 和 PCI 槽的位置，芯片的名称为 Intel 82371EB。其他芯片组的排列位置基本相同。

● 高度集成的芯片组

高度集成的芯片组大大提高了系统芯片的可靠性，减少了故障的发生，降低了生产成本。例如，有些整合 3D 图像加速显示、AC97 声音解码等功能的芯片组还决定着计算机系统的显示性能和音频播放性能等。

（3）按整合程度的高低分类：分为整合型芯片组和非整合型芯片组。

能够生产芯片组的厂家有 Intel（美国）、AMD（美国）、NVIDIA（美国）、ServerWorks（美国）、VIA（中国台湾）、SiS（中国台湾）等 6 家，其中以 Intel、AMD 生产的芯片最为常见。

Intel 600 系列芯片组包含 3 个规格——Z690、H610 和 B660；Intel 最新 700 系列芯片组也包含 3 个规格——Z790、H770 和 B760。在推出第 13 代酷睿桌面处理器 Raptor Lake 后，Intel 发布了与其配套的主板芯片组 Z790。由于 Raptor Lake 桌面处理器和第 12 代 Alder Lake 一样均采用 LGA1700 封装，因此它们的电气性能是互相兼容的，也就是说 Z790 主板可以搭配第 12 代酷睿处理器，而 Z690 或者其他 600 系列主板通过升级 BIOS 也或将支持第 13 代处理器。

Intel Z790 芯片组兼容第 12 代处理器，增加了 PCI-E 4.0（PCI-E，即 PCI-Express，是一种高速串行计算机扩展总线标准）通道数量，重新平衡了 PCI-E 的连接兼容性，支持更多的 PCI-E Gen 4（第 4 代 PCI-E 总线技术）兼容通道。Z790 芯片组最多支持 20 个兼容 PCI-E Gen 4 的通道和 8 个兼容 PCI-E Gen 3 的通道。Z690 芯片组最多支持 12 个兼容 PCI-E Gen 4 的通道和 16 个兼容 PCI-E Gen 3（第 3 代 PCI-E 总线技术）的通道。而两者参数对比如表 1.1 所示。

表 1.1　英特尔 Z790 和 Z690 相关参数对比

参　　数	英特尔 Z790	英特尔 Z690
CPU 接口	12 代 Alder Lake 处理器、13 代 Raptor Lake 处理器	
内存接口	DDR4-3200、DDR5-4800（12 代）、DDR5-5600（13 代）	
DMI	4.0 x8	
PCI-E 4.0 通道数量	20	12
PCI-E 3.0 通道数量	8	16
SATA 6.0 Gbps 端口数量	8	8
USB 3.2（5 Gbps）端口数量	10	10
USB 3.2（10 Gbps）端口数量	10	10
USB 3.2（20 Gbps）端口数量	5	4

Intel Z690 和 Z790 均使用 DMI 4.0 x8 作为芯片集总线（连接处理器和芯片集），带宽兼容 PCI-Express 4.0 x8（吞吐量可达到 128 Gbps）。Z790 主板允许将最多 5 个 M.2 NVMe Gen 4 插槽连接到芯片组上，或者部署比 Z690 更多的高带宽板载设备，如 WLAN 卡、板载 2.5 GbE（Gigabit Ethernet，吉比（特）以太网）网卡，甚至是 10 GbE 网卡。

2. 扩展槽

扩展槽是主板上用于固定扩展卡并将其连接到系统总线上的插槽，也叫扩展插槽、扩充插槽。扩展槽是一种添加或增强计算机特性及功能的方法。扩展槽的种类和数量的多少是决定一块主板好坏的重要指标。有多种类型和足够数量的扩展槽就意味着今后有足够的可升级性和设备扩展性，反之则会在今后的升级和设备扩展方面碰到巨大的障碍。

PCI（peripheral component interconnect，外设部件互连）插槽是基于 PCI 局部总线扩展接口的扩展插槽，其颜色一般为乳白色，位于主板上 AGP 插槽的下方，ISA 插槽的上方。其位宽为 32 位或 64 位，工作频率为 33 MHz，最大数据传输率为 133 MB/s（32 位）和 266 MB/s（64 位）；可插接声卡和网卡，内置 Modem、ADSL Modem、USB 2.0 卡、IEEE 1394 卡、IDE 接口卡、RAID 卡、电视卡、视频采集卡以及其他种类繁多的扩展卡。

PCI 插槽是主板的主要扩展槽，通过插接不同的扩展卡可以获得计算机能实现的几乎所有功能，是名副其实的"万用"扩展槽。

3. 总线

总线（bus）是计算机各种功能部件之间传输信息的公共通信干线，它是由导线组成的传输线束，按照计算机所传输的信息种类，计算机的总线可以划分为数据总线、地址总线和控制总线，分别用来传输数据、数据地址和控制信号。总线是一种内部结构，它是 CPU、内存、输入输出设备传递信息的公用通道，主机的各个部件通过总线相连接，外部设备通过相应的接口电路再与总线相连接，从而形成了计算机硬件系统。目前主要流行 64 位总线，早期有 8 位、16 位、32 位总线。

4. 接口

接口用于完成计算机主机系统与外部设备之间的信息交换。一般接口由接口电路、连接器和接口软件（程序）组成。主要有硬盘接口、PCI 接口、PS/2 接口、USB 接口、HDMI、雷电接口，等等。

【实验小结】

主板芯片组的速度（带宽）是主板的主要性能指标，而速度体现在两个方面——内存与 CPU 的数据交换速度以及外设与 CPU 的数据交换速度。对于低端 CPU，Intel 采用 FSB 和双芯片组控制，AMD 采用 HT 与双芯片组控制，在性能上 HT 总线优于 FSB；对于高端 CPU，Intel 的 CPU 内部总线采用全新的 QPI 设计，在实现内存直接控制的同时还实现多处理单元互联和 Cache 共享，主板总线采用 DMI，其性能优于 AMD 的高端设计。

1.2.2 实验四 主板接口的类型

【实验目的】

1. 了解主板的接口分类。

2. 掌握主板与外设的连接方法。

【实验任务】

学习实验内容，了解主板的接口分类，实际动手操作将主板与外设进行连接。

【实验内容】

主板的接口分为前置面板、箱内接口和后置接口三大类。

1. 前置面板

前置面板一般有：主机开关、工作灯、硬盘工作灯、Reset 按钮、扬声器、USB 接口和耳机接口等，它们需要按照主板跳线说明与机箱说明进行正确连接方可使用。

2. 箱内接口

箱内接口主要是硬盘接口与 PCI 插槽。

（1）硬盘接口：硬盘接口分为 IDE、SATA、SCSI、光纤通道、M2-SATA、M2-Nvme 和 SAS 七种。在型号较老的主板上，多集成两个 IDE 接口，通常 IDE 接口都位于 PCI 插槽下方，从空间上则垂直于内存插槽（也有横着的）。而新型主板上，IDE 接口大多缩减，甚至没有，取而代之的是 SATA 接口、M.2 接口等。如图 1.5 所示。

图 1.5　主板 M.2 硬盘接口示意图

SATA 接口又分为 SATA 2.0 以及 SATA 3.0，其中 SATA 2.0 的最大传输速度为 300 MB/s，而 SATA 3.0 的最大传输速率为 600 MB/s。

随着固态硬盘的广泛应用，硬盘接口也发生了改变，固态硬盘的接口有 SATA、SATA Express、mSATA、PCI-E、M.2、U.2，其中 M.2 是兼容 PCI-E 和 SATA 的。它们的主要区别是传输速度和使用范围不同：在传输速度上 U.2 是最快的，SATA 以及 mSATA 最慢；使用范围上，SATA 通常用于老的台式机，而 M.2 则在超级本和台式机里十分常见。固态硬盘接口类型及区别如下：

● SATA 接口：它的传输速度是 6 Gb/s，常常用于老的台式机，是比较早和老的一种接口。

● mSATA 接口：比 SATA 接口稍先进一些，其传输速度同样也是 6 Gb/s，在小型的笔记本电脑、商务笔记本以及台式机上应用较多。

● SATA Express 接口：它的传输速度是 mSATA 的 2 倍，可以达到 12 Gb/s，但在实际使用过程中，这种接口的固态硬盘其实是非常少的。

● PCI-E 接口：这种接口分为两种版本，一种是 PCI-E 2.0，其传输速度是 10 Gb/s；另外一种是 PCI-E 3.0，其传输速度达到了 32 Gb/s，在台式机、笔记本电脑上都有应用。

● M.2 接口：它的兼容性最强，既兼容 PCI-E 接口，也兼容 SATA 接口，速度有两种——10 Gb/s 和 32 Gb/s，是使用最广泛的固态硬盘之一。

● U.2 接口：它是固态硬盘里传输速度最快的，可达到 32 Gb/s，也是现在比较先进的一种固态硬盘，台式机或笔记本电脑里都会用到它。

（2）PCI 插槽：PCI 是目前个人计算机中使用最为广泛的接口，几乎所有的主板产品上都带有这种插槽。主板的兼容性主要体现在对 PCI 接口的支持上，目前微型计算机的常用外设的接口已集成在主板上，只有特殊性能要求的外设的接口电路板需通过 PCI 插槽与主板连接，如独立显卡、独立声卡等。

● PCI 总线：PCI 总线是由 Intel 公司 1991 年推出的用于定义局部总线的标准。此标准允许在计算机中安装多达 10 个遵从 PCI 标准的扩展卡。最早提出的 PCI 总线工作在 33 MHz 频率之下，传输带宽可达到 133 MB/s，基本上满足了当时处理器的发展需要。随着对更高性能的要求，1993 年 Intel 又推出了 64 位的 PCI 总线，后来又把 PCI 总线的频率提升到 66 MHz。目前广泛采用的是 32 位、33 MHz 的 PCI 总线，64 位的 PCI 总线更多是应用于服务器产品。

从结构上看，PCI 是在 CPU 和原来的系统总线之间插入的一级总线，具体由一个桥接电路实现对这一层的管理，并实现上下之间的接口以协调数据的传输。PCI 管理器提供信号缓冲，能在高时钟频率下保持高性能，适合为显卡、声卡、网卡、Modem 等设备提供连接接口，工作频率为 33 MHz 或 66 MHz。

● PCI-Express 总线：PCI-Express（peripheral component interconnect express）是一种高速串行计算机扩展总线标准，简称 PCI-E，是由英特尔在 2001 年提出的，旨在替代旧的 PCI、PCI-X 和 AGP 总线标准。

PCI-E 属于高速串行点对点双通道高带宽传输，所连接的设备独享通道带宽，不共享总线带宽，主要支持主动电源管理、错误报告、端对端的可靠性传输、热插拔等功能。

PCI-Express 也有多种规格，从 PCI-Express x1 到 PCI-Express x32，这些规格能满足将来一定时间内出现的低速设备和高速设备的需求。2022 年 1 月 11 日，PCI-SIG 组织正式发布了 PCI-Express 6.0 规范。PCI-Express 6.0 的带宽速度继续增倍，其每通道数据传输速率相较于 PCI-Express 5.0 的 32 GT/s（gigatransferls，吉传输/秒）再次翻番提升至 64 GT/s，单向传输速率可达 8 GB/s，PCI-Express x16 甚至可达 128 GB/s，由于 PCI-Express 支持数据全双工双向流动，因此双向总吞吐量可达 256 GB/s。2022 年 6 月 22 日，发布和维护 PCI-Express 标准的联盟 PCI-SIG 又宣布推出最新一代 PCI-Express 7.0 规范或 PCI-Express Gen 7。最新一代 PCI-Express 的带宽翻了一番，在一条通道（x1）上单向实现 128 GT/s 或 16 Gb/s 的传输速率。综上所述，在 PCI-Express x16 插槽上，传输速率可达 256 Gb/s。同时，通常与 PCI-Express x4 插槽配对的 NVMe SSD 可提供高达 64 GB/s 的单向传输速率。不同规格 PCI-E 的参数见表 1.2 所示。

表 1.2　不同规格的 PCI-E 参数表

规　　格	带　　宽	传 输 速 率
PCI-E 1.0	8 GB/s	2.5 GT/s
PCI-E 2.0	16 GB/s	5 GT/s
PCI-E 3.0	32 GB/s	8 GT/s

续表

规　　格	带　　宽	传 输 速 率
PCI-E 4.0	64 GB/s	16 GT/s
PCI-E 5.0	128 GB/s	32 GT/s
PCI-E 6.0	256 GB/s	64 GT/s

3. 后置接口

后置接口面板是固定在主板上的。目前，大部分外设的接口电路与控制芯片已集成在主板上，如键盘、鼠标、音箱、话筒、网络连接接口、USB 连接接口等，通过这些接口与计算机外设进行连接，用户只需将外设连线插入对应形状的接口即可，如图 1.6 所示。

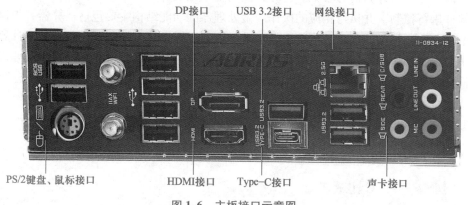

图 1.6　主板接口示意图

（1）PS/2 接口：PS/2 接口的功能比较单一，仅能用于连接键盘和鼠标。一般情况下，鼠标的接口为绿色，键盘的接口为紫色。目前，绝大多数主板依然配备该接口，但支持该接口的鼠标和键盘越来越少，大部分外设厂商也不再推出基于该接口的外设产品，更多的是推出 USB 接口的外设产品。

（2）USB 接口：USB（通用串行总线）接口是如今最为流行的接口，最大可以支持 127 个外设，并且可以独立供电，其应用非常广泛。USB 接口可以从主板上获得 500 mA 的电流，支持热拔插，真正做到了即插即用。一个 USB 接口可同时支持高速和低速 USB 外设的访问，由一条四芯电缆连接，其中两条是正负电源，另外两条是数据传输线。高速外设的传输速率为 12 Mb/s，低速外设的传输速率为 1.5 Mb/s。目前，USB 接口有 2.0 和 3.0 两种标准，USB 2.0 标准理论传输速率可达 480 Mb/s，USB 3.0 标准理论传输速率可达 4.8 Gb/s。

（3）显卡接口：显卡接口主要分为 VGA 接口和 DVI-D 接口。其中，VGA 是早期模拟显示接口，输出模拟信号；DVI-D 为高清数字显示接口，输出数字信号，目前的液晶显示器都支持 DVI-D 接口。

（4）声卡接口：声卡的输入输出接口形状一样，一般用颜色标明中置、前置、后置等输出声道与输入声道，可以查看主板说明书了解声卡接口的使用。一般耳机或双声道音箱用的是中置（绿色）声道，MIC 使用粉红色输入声道，想要打开多声道模式输出功能，必须先要正确安装音频驱动后，再加以正确设置，才能获得多声道模式输出。

【实验小结】

目前大部分主板为家用级，主要通过 USB 接口、PCI-E 接口和 SATA 接口与外设连接，主板兼容性主要体现在主板对 PCE-E 插槽的驱动能力上，预置的 USB 3.0 接口数量也很重要，连接 USB 3.0 的存储设备也必须支持 USB 3.0，才能将该接口的速度发挥到最大。

1.3 微处理器

微型计算机中的中央处理器（CPU）称为微处理器（MPU），是构成微型计算机的核心部件，也可以说是微型计算机的心脏。它起到控制整个微型计算机工作的作用，产生控制信号对相应的部件进行控制，并执行相应的操作。微处理器的功能结构主要包括运算器、控制器、寄存器 3 个部分。运算器的主要功能是进行算术运算和逻辑运算。控制器是整个微型计算机系统的指挥中心，主要作用是控制程序的执行，包括对指令进行译码、寄存，并按指令要求完成所规定的操作，即指令控制、时序控制和操作控制。寄存器用来存放操作数、中间数据及结果数据。

CPU 质量的高低直接决定了一个计算机系统的档次，而 CPU 的主要技术特性可以反映出 CPU 的基本性能。

1.3.1 实验五 CPU 主要参数

【实验目的】

1. 掌握 CPU 的主要参数指标。
2. 通过参数指标了解 CPU 性能的好坏。

【实验任务】

通过实验内容的学习，了解 CPU 的参数指标：核心数、主频、外频、睿频、超频、缓存数等。

【实验内容】

通过查看 CPU 的参数指标可以了解 CPU 的性能，常用的参数指标如下：

1. 核心数

CPU 核心数指的是 CPU 内核数量，表示一个 CPU 由多少个核心组成，是 CPU 的重要参数。在内核频率、缓存大小等条件相同的情况下，CPU 核心数量越多，CPU 的整体性能越强。常见的 CPU 核数有双核、4 核、6 核、8 核、12 核等。在内核频率、缓存大小等条件相同的情况下，CPU 内核数量越多，CPU 的整体性能越强，例如，3.8 GHz 的 6 核 CPU 就比 3.8 GHz 的双核 CPU 性能要强。

2. 主频

CPU 的主频与 CPU 实际的运算能力是没有直接关系的，主频表示在 CPU 内数字脉冲信号震荡的速度。主频和实际的运算速度是有关的但也仅仅是 CPU 性能表现的一个方面，而不能代表 CPU 的整体性能。

3. 外频

外频是 CPU 的基准频率，单位也是 Hz。CPU 的外频决定着整块主板的运行速度。目前绝大部分计算机系统中的外频是内存与主板之间的同步运行的速度，在这种方式下，可以认为计算机 CPU 的外频与内存的频率相连通，两者是同步运行的。

4. 睿频

睿频是指当启动一个运行程序后，处理器会自动加速到合适的频率，使运行速度提升 10%~20% 以保证程序流畅运行的一种技术。CPU 应对复杂应用时，可自动提高运行主频以提速，轻松处理对性能要求更高的多任务。当进行工作任务切换时，如果只有内存和硬盘在进行主要的工作，处理器会立刻处于节电状态，这样可以保证能源的有效利用。

5. 线程

CPU 线程是指超线程技术，通常只有计算机的 CPU 才会用到该技术（x86 架构）。在 Windows 操作系统主界面底部，可以打开"任务管理器"窗口，在其中的"性能"选项卡中可以观察到代表 CPU 性能的小方格子。通过格子的数量，就可能知道 CPU 是多少核的。其实这里面所观察到的小方格代表的是 CPU 线程数量，只不过有些 CPU 的核心数量=线程数量，所以得出的结果是正确的。一般来说，单核配单线程、双核配双线程或者双核配四线程、四核配八线程，等等。

6. 缓存

这里的缓存一般指高速缓存 Cache。由于 CPU 的运算速度特别快，在内存条的读写忙不过来的时候，CPU 就可以把这部分数据存入缓存中，以此来解决 CPU 的运算速度与内存条读写速度不匹配的矛盾，所以通常情况下，缓存越大越好。现在的 CPU 一般有三级缓存，分别是 L1 Cache、L2 Cache、L3 Cache。

（1）L1 Cache（一级缓存）：是 CPU 的第一级缓存，分为数据缓存和指令缓存。内置的 L1 缓存的容量和结构对 CPU 的性能影响较大，在计算机 CPU 芯片面积不能太大的情况下，L1 缓存的容量不可能做得太大。现在常用服务器 CPU 的 L1 缓存的容量通常是 32~256 KB。

（2）L2 Cache（二级缓存）：CPU 的二级缓存可以设置在芯片内部或外部。设置在芯片内部的二级缓存运行速度与主频相同，而设置在芯片外部的二级缓存则只有主频的一半。L2 缓存的容量也会影响计算机 CPU 的性能，所以原则上是越大越好，现在家用 CPU 的 L2 缓存的最大容量是 512 KB，而服务器和工作站上用 CPU 的容量可高达 256~1 MB，有的甚至高达 2 MB 或 3 MB。

（3）L3 Cache（三级缓存）：三级缓存也分为两种，早期的都是外置，现在的都是内置的。L3 缓存的应用可以进一步降低内存延迟，同时提升大数据量计算时处理器的性能。降低内存延迟和提升大数据量计算能力对游戏的发展很有帮助。

7. 制程工艺

一颗微处理器是由不同材料制成的许多"层"堆叠起来的电路，里面包含了晶体管、电阻器以及电容器等微小元件。不过它们与常规元件不同，因为它们的尺寸已经小得用肉眼很难看清楚，规模更是让人难以想象。在这些由元件组成的"大军方阵"中，组件间的距离通常用"纳米"（nm）来描述。

这样的制程工艺的优势在于：间距越小，可以排布在芯片上的元件就可以越多；制程越小芯片越节能。推动半导体制造商向更小的工艺尺寸进发的最大动力就是成本的降低，芯片功能的不断增强。组件越小，同一片晶圆可切割出来的芯片就可以更多。即使更小的工艺需要更昂贵的设备，其投资成本也可以被更多的晶片所抵消。因此，制程工艺的飞跃几乎是两年一次，目前 CPU 的制程工艺主要是 14~45 nm。

1.3.2　实验六　微处理器与主板的匹配

【实验目的】

1. 掌握 CPU 和主板的连接方法。

2. 了解 CPU 和主板之间的参数匹配。

3. 知道按需求自助装机的流程。

【实验任务】

学习实验内容，了解 CPU 的安装步骤。

【实验内容】

本次实验以 Intel 的 CPU 为例，其安装步骤如下，主板 CPU 插槽结构如图 1.7 所示。

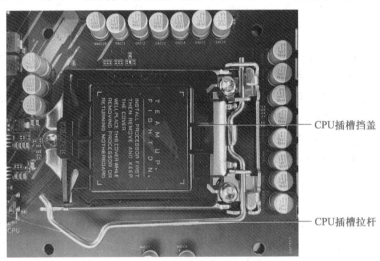

——CPU插槽挡盖

——CPU插槽拉杆

图 1.7　CPU 插槽构成示意图

CPU 的安装

（1）拉起 CPU 插槽拉杆。

（2）CPU 上有个一个缺口标示，对应 CPU 插槽上的缺口（防误插缺口），将其对准后把 CPU 小心放入插槽中。

（3）放下挡盖，挡盖自动弹起，取走挡盖。

（4）压下拉杆，完成 CPU 的安装，如图 1.8 所示。

CPU 风扇的安装

安装完 CPU 后，紧接着安装 CPU 风扇，步骤如下：

（1）将风扇的 4 个脚对准主板上的 4 个 CPU 风扇固定孔，将其压入。

（2）固定风扇 4 个脚的卡子，查看风扇的 4 个脚有没有完全贴合在主板上。

（3）接上 CPU 风扇电源，完成 CPU 风扇的安装。

图 1.8　CPU 安装示意图

【知识拓展】

个人计算机的 CPU 主要生产商有：Intel 和 AMD。

目前 Intel 芯片的主要型号及性能由弱到强为：i3<i5<i7<i9。Intel 芯片的命名规则为：型号之后的数字为迭代号，10 代之前的第一位和 10 代之后的前两位代表第几代 CPU，数字越大架构越优，例如，i7-12700K 中的 12 代表第 12 代 CPU；迭代号之后的 3 位数是 CPU 的类型，一般来说，数字越大代表频率越高、性能越强，例如，i5-12400F 中的 400 代表的就是 CPU 类型；最后的字母后缀 F 表示无内置核显，Intel 常用的 CPU 后缀的含义如下：

- F 表示无核显
- K 代表可以超频
- KS 代表超频加强版

目前 AMD 芯片的主要型号和性能由弱到强为：R3<R5<R7<R9，它们分别对标 Intel 的 i5/i7/i9，可能是 AMD 学到了 Intel 产品命名的精髓，锐龙处理器的命名细分规则都与 Intel 惊人地相似。细分有 R9、R7、R5、R3 四大系列，系列之后第 1 位数字也是 CPU 的迭代号，例如，R5 1700X 就是第 1 代；R5 2700X 就是第 2 代，接下来的 3 位数字就是 AMD CPU 的 SKU（stock keeping unit，表示库存编号，一般指生产厂家给自家产品的编号），例如，R7 有 800/700，R5 有 600/500/400，同样地，数字越大，频率越高。在 R5 中甚至会有更多的核心和线程。AMD 常用 CPU 的后缀有如下 3 种：

- 后缀 X：支持 XFR 技术，自适应动态扩频，除了睿频以外，还能够让 CPU 在高于睿频频率的状态下工作，而频率的最大值受到散热器散热效果而变化，简单来说就是，散热器越强，频率越高。
- 后缀 G：AMD 的 CPU 只有带 G 的系列才会带有高性能 VEGA 集成显卡。
- 后缀 U：专门面向轻薄笔记本电脑，功耗超低，TDP（thermal design power，表示热功耗，是反应一颗处理器热量释放的指标）仅 15 W，还集成了 VEGA 核心显卡。

目前常用微处理器 CPU 的生产厂商只有 Intel 与 AMD 两大公司，由于商业竞争的缘故，它们的产品并不兼容。两种 CPU 的大小、底部引脚的数量都不一样，它们不能安装在同一块主板上。因此，在选择主板时，首先要做到 CPU 与主板接口相匹配。CPU 与主板是双向匹配的，可以根据 CPU 的接口来选择主板，也可以根据主板的接口来选择 CPU。现在 Intel 的 CPU 接口有 LGA2011、LGA1155、LGA1150；AMD 的 CPU 接口有 AM3、AM3＋、FM1、FM2。只有接口对应上才能顺利地将 CPU 安装到主板上，在产品的包装上 CPU 和主板都会注明接口类型，如图 1.9、图 1.10 所示。

图 1.9　Intel 公司生产的 CPU　　　　　图 1.10　AMD 公司生产的 CPU

CPU 与主板的性能匹配的关键是 CPU 与主板芯片组参数的匹配。如果说 CPU 是计算机系统的大脑，那么主板芯片组将是整个计算机的心脏。对于主板而言，芯片组几乎决定了这块主板的功能，进而影响到整个计算机系统性能的发挥，芯片组是主板的灵魂。芯片组性能的优劣决定了主板性能的好坏。到目前为止，能够生产芯片组的厂家有 Intel、AMD、VIA、SiS、NVIDIA、ATI 等为数不多的几家，其中以 Intel、AMD 和 NVIDIA 生产的芯片组最为常见。

主板芯片组也因 CPU 制造商的不同分为"For Intel"与"For AMD"两类，两家是互不兼容，也就是说支持 Intel CPU 的芯片组绝对不会兼容 AMD 的 CPU。主板的芯片组是 AMD 产品，那么 CPU 也必须是 AMD 公司的产品。

1.4　内存

内存是计算机中重要的部件之一，计算机中所有程序的运行都是在内存中进行的，因此内存的性能对计算机的影响非常大。内存的功能是存放当前在计算机中正在执行的程序和数据，只要计算机在运行中，CPU 就会把需要运算的数据调到内存中进行存储，当运算完成后 CPU 再将结果传输出来。因此，内存的运行也决定了计算机的稳定运行。

1.4.1 实验七 内存的分类

【实验目的】

1. 了解内存的功能。

2. 了解内存的主要分类。

3. 了解内存条的参数含义。

【实验任务】

通过实验内容的学习，了解微型计算机内存条的分类以及常用参数。

【实验内容】

内存的功能是存放当前在计算机中正在执行的程序和数据，CPU 只能和内存发生直接的数据交换，因此内存的容量大小是衡量计算机性能好坏的一个重要指标。

内存的最大容量取决于通道地址总线的位数，内存分为笔记本电脑内存和台式机内存，其插槽接口不同，目前流行的内存为 DDR 双通道内存，主要是 DDR 的 3 代和 4 代产品，工作频率从 1 333 MHz 到 3 000 MHz 不等，具体应该安装什么频率的内存条，取决于 CPU 外频与内存通道工作频率。内存的主要性能参数有：

1. 容量

内存容量表示内存可以存放数据的空间大小，其常用单位为 GB。一般来说，内存容量越大，越有利于系统的运行。

2. 带宽

带宽用来衡量内存传输数据的能力，表示单位时间内传输数据量的大小，代表了吞吐数据的能力。内存带宽的计算公式是：带宽＝内存核心频率×内存总线位数×倍增系数。简化公式为：标称频率×位数。例如，一条 DDR3 1 333 MHz 64 位的内存，其理论带宽为：$1\ 333 \times 10^6 \times 64 \div 8 = 10\ 664\ (\text{MB/s}) \approx 10.6\ (\text{GB/s})$。

如果用户组建了双通道，那么内存控制器可以同时从 2 条内存中读取数据，双通道内存带宽为单通道的 2 倍。同理，三通道的内存带宽为单通道的 3 倍。

3. 主频

内存主频和 CPU 主频一样，习惯上被用来表示内存的速度，它代表着该内存所能达到的最高工作频率。内存主频是以 MHz 为单位来计量的。内存主频越高在一定程度上代表着内存所能达到的速度越快。内存主频决定着该内存最高能在什么样的频率下正常工作。由于内存本身不具备时钟芯片，需要使用主板提供的时钟信号，因此内存得到的实际工作频率是由主板芯片组的北桥或主板提供的，也就是说，内存无法决定自身的工作频率，其实际工作频率是由主板决定的。

4. 延迟

延迟是指内存存取数据所需的延迟时间，简单地说，就是内存接到 CPU 的指令后的反应速度。延迟是在同一频率下衡量内存好坏的标志。

5. 内存 ECC

内存 ECC 即内存纠错（error checking and correcting），简单地说，其具有发现错误、纠正

15

错误的功能，一般多应用在高档台式计算机、服务器及图形工作站上，这会使整个计算机系统在工作时更趋于安全稳定。

在内存中，ECC 不仅能够容错，使系统得以持续正常地操作，而且还具有自动更正错误的能力，可以将奇偶校验无法检查出来的错误位查出并修正。

1.4.2　实验八　内存条与主板的匹配

【实验目的】

1. 掌握内存条在主板上的安装方法。
2. 了解内存条与主板的匹配方法。

微视频 1-3

内存条的安装

【实验任务】

学习实验内容，了解内存条的安装步骤。

【实验内容】

内存条在安装时要十分小心，首先要防止因身体带静电而导致内存条被击穿，其次要防止用力过度导致硬件损坏。内存条的安装步骤如下：

（1）消除身体上的静电。其中一个简单的方法就是直接用手接触一下主机机箱，或者用手接触一下金属物体，也可以手戴绝缘手套进行安装内存操作。

（2）在主板上找到内存插槽，一般位于 CPU 旁边，用手将内存插槽两端的卡子轻轻扳开。

（3）打开内存条的外包装，检查一下内存条是否有损坏，找准内存上的缺口位置（4 代内存条缺口位置比较如图 1.11 所示），并与主板上的凸出位置进行比对，以确定正确的安装方位。

（4）手持内存条两端，将内存条垂直于主板插入内存插槽中，适度用力，直到插槽两端的卡子自动弹起来固定住内存条为止，如图 1.12 所示。

内存条的拆卸方法：只需将内存插槽两端的卡子向外扳开，内存条就会自动弹出。

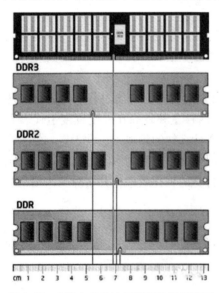

图 1.11　4 代内存条缺口位置比较示意图

图 1.12　内存条安装完成示意图

【知识拓展】

内存条是 CPU 通过总线寻址进行读写操作的重要部件。内存条在 PC 历史上曾经是主内存的扩展。随着计算机软、硬件技术不断更新的要求，内存条已成为读写内存的整体。人们通常所说计算机内存的大小，即是指内存条的总容量。

目前微型计算机内存条的主流配置是采用第 4 代双倍数据率同步动态随机存取存储器 DDR4（double data rate SDRAM 4），随着 DDR5 内存条的推出，内存的各项性能指标又有了新的飞跃。

内存条 DDR5 和 DDR4 的主要区别如下：

（1）内存频率：DDR5 相比 DDR4 频率实现翻倍。DDR4 刚上市时，主流内存频率一般只有 2 133 MHz 和 2 400 MHz，后期才进一步将内存频率提升到 2 666 MHz 或以上，目前旗舰级 DDR4 内存频率可以达到 4 266 MHz 或更高。而 DDR5 在上市初期发布的起步内存频率就是 4 800 MHz，基本到达 DDR4 的极限了，DDR5 的内存频率除了有 4 800 MHz 外，还有 5 200 MHz 和 6 400 MHz，后续可能还会更高。

（2）工作电压：DDR5 相比 DDR4 拥有更高的能耗比。DDR4 的工作电压为 1.2 V，而 DDR5 的工作电压下降至 1.1 V，功耗降低 8%，意味着更加省电节能。

（3）PMIC 电源管理芯片：DDR4 的 PMIC 电源管理芯片是集成在主板上的，DDR5 则将电源管理功能从主板转移到内存上，它拥有独立的 PMIC 电源管理芯片，帮助内存在电力控制上能够更为精准，且 DDR5 内存的工作电压从上一代的 1.2 V 下降到 1.1 V，除了能够更为省电之外，也有助于缓解工作频率提升后的发热问题。

（4）单芯片密度：DDR5 单芯片密度较高，单颗粒可达 16 GB，而 DDR4 单颗粒只有 4 GB，所以 DDR5 的内存容量可以做得更大，单根内存条达到 256 GB 甚至 512 GB 很正常。不过在消费级市场上，目前的内存需求还没有达到如此大，可能更多地会运用在高端消费级市场上。

（5）接口：DDR4 和 DDR5 在防误插缺口位置有略微的变动，意味着两者不能相互兼容，因此想要支持 DDR5，那么主板必须要配备 DDR5 插槽才可以，因为 DDR5 无法插入 DDR4 的插槽中。DDR4 和 DDR5 接口比较示意图如图 1.13 所示。

图 1.13 DDR4 和 DDR5 接口比较示意图

（6）带宽：内存的带宽是不同的，例如，DDR4 3200 的带宽为 25.6 GB/s，DDR5 4800 的带宽为 38.4 GB/s。

（7）双通道：DDR4 需要两根内存条才可以组建双通道，而 DDR5 只需单根内存条就可以实现双通道。通过 CPU-Z 检测发现，如果计算机中插入一条 DDR5 内存条，通道数就可以自动识别为双通道，但是这里的双通道并非完全意义上的双通道，可以将其理解为伪双通道。我们可以理解为原本 DDR4 内存只有一条 64 位通道传输数据，双通道为 2×64 位，而 DDR5 内存是通过将其拆分为 2 条 32 位的通道，从而达到了一根内存条双通道的效果，当然如果想要达到真正的双通道理想值，还是需要使用 2 根内存条来组建。

内存条与主板插槽需要正确匹配，才能安装使用，因此需要掌握以下名词的含义。

（1）pin：是模组或芯片与外部电路连接用的金属引脚，模组的 pin 就是常说的"金手指"。

（2）DIMM 插槽：DIMM（dual in-line memory modules，双列直插式内存模组）是常见的模组类型，所谓双列是指模组电路板与主板插槽的接口有两列引脚，模组电路板两侧的金手指各对应一列引脚，同时在主板 DIMM 插槽旁边标出了可以使用的内存条的系列：DDR4 Socket 1200，如图 1.14 所示。

图 1.14　DIMM 插槽

（3）RDIMM（插槽）：registered DIMM，是指带寄存器的双线内存模块，这种内存槽只能插 DDR 或 Rambus 内存，如图 1.15 所示。

图 1.15　RIMM 插槽

（4）SO-DIMM 插槽：是笔记本电脑常用的内存模组插槽。

（5）工作电压：DDR：2.5 V；DDR2：1.8 V；DDR3：1.5 V；DDR4：1.2 V；DDR5：1.1 V。

确定一款主板后，使用什么系列的内存条只需看主板内存插槽旁边的标注。但能否达到内存的主频率，并不是由主板决定。因此用户在给计算机配置内存时除了注意主板所限定的内存系列型号外，一定要注意 CPU 内存控制器所能支持的内存频率参数。

1.5　显卡

显卡（video card 或 graphics card）全称为显示接口卡，又称显示适配器，是计算机最基本、最重要的配件之一。显卡作为计算机主机里的一个重要组成部分，承担输出显示的任务。显卡接在计算机主板上，它将计算机的数字信号转换成模拟信号让显示器显示出来。同时显卡还具有图像处理能力，可协助 CPU 工作，提高整体的运行速度。显卡芯片供应商主要有 AMD 和 NVIDIA 两家。

1.5.1　实验九　显卡的分类

【实验目的】

1. 了解显卡在计算机中的重要性。

2. 了解显卡的分类及功能。

【实验任务】

通过实验内容的学习，对显卡的功能及分类有全新的认识。

【实验内容】

显卡分为 3 种类型，分别为独立显卡、集成显卡、核芯显卡。具体区别如下：

1. 存在方式上的区别

● 独立显卡是将显示芯片及相关器件制作成一个独立于计算机主板的板卡，是专业的图像处理硬件设备。

● 集成显卡是将显示芯片、显存及其相关电路都集成在主板上，是与主板融为一体的元件。

● 核芯显卡是建立在和处理器同一内核芯片上的图形处理单元。简而言之，就是与处理器核心整合在一起，构成一个完整的处理器。

2. 特性上的区别

● 独立显卡配备单独的显存，不占用系统内存，能够提供好的显示效果和运行性能。

● 集成显卡兼容性好，主板上的声卡、显卡和网卡由一家生产厂商组装；升级成本低，多数整合主板都提供一个额外的显卡接口；发热量和耗电量较低。

● 核芯显卡的最主要特性是低功耗，核芯显卡对整体能耗的控制更加优异，高效的处理性能大幅缩短了运算时间，进一步缩减了系统平台的能耗；高性能核芯显卡拥有诸多优势技术，可以带来充足的图形处理能力。

3. 应用上的区别

● 独立显卡：应用于台式机的独立显卡的接口形式为 AGP 和 PCI-E，应用于笔记本电脑的独立显卡按接口形式可以分为 NVIDIA 公司开发的 MXM 接口独立显卡和 ADM 公司开发的 AXOM 接口独立显卡。独立显卡示例如图 1.16 所示。

图 1.16　独立显卡示例

● 集成显卡一般有 Intel 的 GMA 900、GMA 950、GMA 3000，NVIDIA 的 GeForce 6100、GeForce 6150、GeForce 7050 等，AMD 的 X1250、X1150，等等。

● 核芯显卡：带英特尔处理器的核芯显卡有 Sandy Bridge（SNB）、Ivy Bridge（IVB）、Haswell、Skylake、Kaby Lake、Coffee Lake。

显卡的具体参数一般有显示芯片（芯片代号）、显存容量、显存类型、显存位宽、显存封装、核心频率、显存频率、流处理单元（流处理器）等。下面对其中一些重要参数进行介绍。

1. 显示芯片

显示芯片是显卡的核心芯片，它的性能好坏直接决定了显卡性能的好坏，它的主要任务就是处理系统输入的视频信息并对其进行构建、渲染等工作。不同的显示芯片，其内部结构、性能和价格都存在差别。显示芯片在显卡中的地位就相当于计算机中 CPU 的地位。

2. 核心频率

显卡的核心频率在一定程度上反映出核心的运行性能，类似 CPU 的运行频率。不同的显卡在核心架构上是有所差异的，而在相同核心架构的前提下，核心频率越高的显卡其运行性能就越好。

3. 显存速度

常见的显卡参数中，还可以看见如 DDR3:1.4ns 这类参数，这里的 DDR3 表示的是显存类型，其后的 1.4 ns 表示的则是显存速度，显存速度一般以 ns 为单位，其越小表示显存的速度越快，显存的性能越好。

4. 显存类型

显卡上采用的显存类型主要有 SDR、DDR SDRAM、DDR SGRAM、DDR2、GDDR2、DDR3、GDDR3、GDDR4、GDDR5。现在主流的以 GDDR3 和 GDDR5 为主，不同的显存类型，

传输效率不一样。NVIDIA 显卡有两个系列，分别为：GeForce（简称 GF 系列）、Legacy（简称 LG 系列，这个系列的显卡比较少见）。GF 系列中又分成笔记本电脑显卡和桌面显卡，其中笔记本电脑显卡系列有 GF 900M、GF 800M、GF 700M、GF 600M、GF 500M、GF 400M、GF 300M、GF 200M、GF 100M、GF 8M、GF GO 7M 等。桌面显卡系列有 GF 900、GF 700、GF 600、GF 500、GF 400、GF 300、GF 200、GF 100、GF 8、GF GO 7、GF 6、GF 5FX 等。

1.5.2　实验十　独立显卡与主板的匹配

微视频 1-4

独立显卡的安装

【实验目的】
1. 了解独立显卡与主板的连接方式。
2. 能够根据实际需要为计算机配置显卡。

【实验任务】
通过实验内容的学习，了解独立显卡的安装。

【实验内容】
独立显卡的安装步骤如下：

（1）打开机箱侧盖后，找到主板上的显卡插槽，目前常用的显卡插槽是 PCI-E 插槽，如图 1.17 所示。

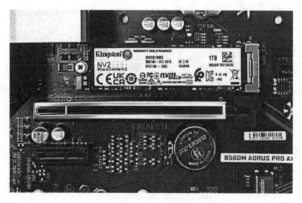

图 1.17　显卡插槽示意图

（2）插槽右侧有一个卡子，安装显卡之前需要把这个卡子压下去。

（3）手持显卡两端，将显卡垂直于主板插槽，对准缺口，适度用力，将显卡压入插槽。

（4）插上独立显卡的辅助供电插头。注意：插头上的突起部位要和显卡接口上的突起部位对齐，不能插反。不同的显卡其辅助供电接口的位置可能也不一样，有的在顶部，有的在侧面；如果显卡有两个辅助供电接口，这时需要插两个插头。

（5）安装完毕后，需要将显卡和机箱对应位置的螺丝装好。

【知识拓展】
　　处理器集成显卡就是指集成在 CPU 内部的显卡，通常称为核心显卡，它被整合在智能处理器当中，依托处理器强大的运算能力和智能能效调节设计，在更低功耗下实现出色的图形处理性能和流畅的应用体验。例如，Intel 酷睿 i3、i5、i7 系列处理器以及 AMD APU 系列处理器中大多数都集成了显卡。

主板集成显卡是指在主板芯片组内集成显示芯片，如 G41 或者 880G 主板上都集成了显卡芯片，目前处理器核心显卡性能已经领先于主板集成的显卡，因此主板集成显卡现在已经终结，除了老平台外，一般情况不会再有主板集成显卡的新品出现。

如果是普通用户，使用集成显卡足够了，这样可降低计算机配置成本，同时集成显卡还有更好的稳定性。集成显卡缺点是工作时需要占用系统内存，它会把一部分内存拿来当作显存使用，具体占用多少内存一般是系统根据需要自动动态调整，从这点能够看出来，当用集成显卡运行占用显存程序的时候，对计算机的整个系统影响会比较大的。随着处理器核心显卡技术的不断发展，CPU 集成的核心显卡性能也在逐渐增强，例如，AMD A8 处理器内部的核心显卡性能就可以媲美目前一些独立显卡的性能，因此处理器核心显卡也可以运行多数游戏。

独立显卡简称独显，是指以独立的板卡形式存在，插在主板的相应接口（AGP 或 PCI-E 插槽）上的一块电路板。独立显卡自带独立显存不需要占用系统内存，并且技术上领先于集成显卡，可以给用户提供更流畅的显示效果和图像运转能力。独立显卡适用于对显卡要求较高的绘图、视频编辑、虚拟现实（VR）和大型 3D 效果游戏的用户。缺点是成本较高，功耗较大。

1.6 硬盘

硬盘是计算机主要的存储媒介之一，由一个或多个铝制或玻璃制的碟片组成。碟片外覆盖有铁磁性材料。

硬盘有固态硬盘、机械硬盘、混合硬盘（一块基于传统机械硬盘诞生的新硬盘）。固态硬盘采用闪存颗粒来存储，机械硬盘采用磁性碟片来存储，混合硬盘是把磁性硬盘和闪存集成到一起的一种硬盘。

1.6.1 实验十一 硬盘的分类

【实验目的】
1. 了解硬盘的各种类别及特点比较。
2. 了解硬盘的相关参数。

【实验任务】
通过实验内容的学习，了解硬盘的分类及特点。

【实验内容】
硬盘（hard disk drive，HDD）是计算机最主要的存储设备之一，它可以用于存储各种类型的数据，如操作系统、应用程序、多媒体文件、文档等。随着计算机技术的不断发展，硬盘也在不断改进和更新，目前常见的硬盘种类主要有以下几种：

1. 机械硬盘

机械硬盘（mechanical hard disk drive，MHDD）是最常见的硬盘类型，它是由机械部件和电子元件组成的。机械部件包括旋转的盘片和移动的读写臂，通过读写臂的移动，读写头可以在盘片上读取或写入数据。机械硬盘一般速度较慢，但容量较大，价格相对较低，适合大数据存储和备份。如图 1.18 所示。

2. 固态硬盘

固态硬盘（solid state drive，SSD）是通过 NAND 闪存存储器（flash memory）和其他控制器组成的固态存储器来存储数据的，与机械硬盘不同，它没有旋转的盘片和移动的读写臂，因此读写速度更快，可靠性更高。但固态硬盘价格较高，容量相对较小，建议用于操作系统和程序运行。如图 1.19 所示。

图 1.18　机械硬盘　　　　　　　　　　图 1.19　固态硬盘（SSD）

SSD 可以按照以下几个标准进行分类：

● 按接口类型分：SSD 的接口类型主要有 SATA、PCI-E 和 NVMe 等几种，其中 NVMe 是一种基于 PCI-E 总线的高速接口，读写速度比 SATA 和 PCI-E 接口更快。

● 按格式类型分：SSD 的格式类型包括 2.5 英寸（1 英寸＝2.54 厘米）、M.2 和 U.2 等几种，其中 M.2 是一种较为常见的格式类型，其体积小、可靠性高、速度快，如图 1.20 所示。

图 1.20　M.2 固态硬盘

● 按存储芯片类型分：SSD 的存储芯片类型主要包括 SLC、MLC、TLC 和 QLC 等几种，其中 SLC 是最可靠的存储芯片类型，但价格也最贵。

3. 网络硬盘

网络硬盘（network attached storage，NAS）是一种专门用于存储和共享数据的设备，可以通过网络连接到多台计算机，提供远程存储和备份服务。网络硬盘通常带有数据保护、数据共享、远程访问和备份恢复等功能，价格较高，常用于小型企业和家庭网络存储。

4. 外置硬盘

外置硬盘是一种便携式存储设备，它使用 USB 接口连接到计算机，为用户提供大容量的存储以及即插即用的功能。它的优势是便携性强，容量大，但是不能提供高性能的存储服务。

总之，不同的硬盘类型有着不同的特点和适用场景，用户应该根据自己的需求选择合适的硬盘类型。硬盘的性能是用户选择硬盘的重要标准，而性能方面的选择，主要取决于应用的需求。除了上述提到的几种常见类型外，还有可靠性更高的 NAS 硬盘、RAID 硬盘等，主要针对大型服务器和企业存储应用。除了考虑性能外，用户在选择硬盘时还应考虑硬盘的容量、性能、价格等因素。

1.6.2　实验十二　硬盘与主板的连接

【实验目的】

了解 M.2 固态硬盘与主板的连接方法

微视频 1-5

硬盘的安装

【实验任务】

通过实验内容的学习，了解硬盘的安装。

【实验内容】

M.2 固态硬盘的安装步骤如下：

（1）在主板上找到 M.2 接口，使用螺丝刀卸下 M.2 接口插槽的螺丝。

（2）将固态硬盘倾斜 25°（相对 M.2 接口位置）插入插槽，之后轻轻向下按压，使固态硬盘的金手指与接口触角紧密接触（金手指需完全贴合）。

（3）将步骤（1）拧下的螺丝重新装回原位，将 M.2 固态硬盘固定即可，如图 1.21 所示。

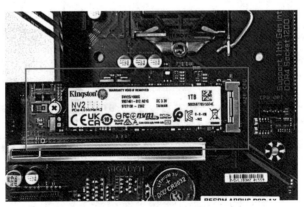

图 1.21　M.2 固态硬盘安装完成示意图

1.7 键盘

键盘是最常用也是最主要的输入设备，通过键盘可以将英文字母、数字、标点符号等输入到计算机中，从而向计算机发出命令、输入数据等。对一般用户而言，键盘分为台式机键盘和笔记本电脑键盘，台式机键盘一般采用 102 键键盘，如图 1.22 所示，分为主键区、数字辅助键区、功能键区、编辑键区。不管键盘形式如何变化，主键区的基本按键排列保持基本不变。

图 1.22　键盘

1.7.1 实验十三　键盘的使用

【实验目的】

1. 掌握正确的击键指法，能够盲打。

2. 提高中英文的打字速度。

【实验任务】

通过实验内容的学习，掌握正确的击键指法，每天练习从 A~Z 进行英文字母的输入，熟练使用键盘，直到掌握盲打技巧再自行进行中文输入的练习。

【实验内容】

正确的击键指法可提高输入速度，进而实现盲打。键盘上的 F 键和 J 键均有一个凸起的小横线，是作为盲打时左右手食指定位感觉之用。打字时每个手指负责的区域如图 1.23 所示。

未打字时手指应放在基本键位上，如图 1.24 所示。先要通过 F 键和 J 键定位左右手食指，再依次定位中指、无名指、小指，大拇指悬放在空格键上方。放在基本键的 8 根手指应接触对应的基本键，但不应有下按的力量；打字时要做到：头正、身直、手指弯曲、悬腕。一个手指击键时，其余手指要尽量保持在原位上；每个手指都只能击规定区域的键，不可彼此替换。击键时不急促、有弹性，不可使劲过猛，敲击的节拍要匀称。当小指击键时，食指不要翘起，当食指击键时，小指不要翘起。

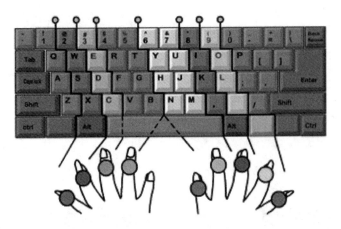

图 1.23　手指区域图

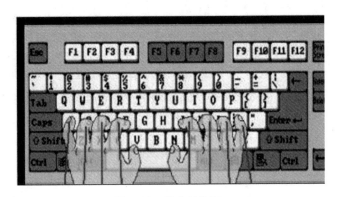

图 1.24　基本键位图

所谓标准指法就是把双手依照图 1.24 所示的位置放在基本键位上（基本键位分别是：左手 A、S、D、F，右手 J、K、L、;），即让左手食指放在字母 F 上（F 键上有一个小突起，通常称之为盲打坐标），右手食指放在字母 J 上（J 键也有一个盲打坐标），然后将左右手的 4 指并列对齐分别放在相邻的按键上。

标准指法很重要，很多人的"一指禅"功不是不愿花太多的时间练习，而是没找到一种简单易行的练习方法。按照标准指法，看着键盘先输入基本键（A、S、D、F、G、H、J、K、L、;），再按照从 A 到 Z 的顺序输入 26 个字母，一般 7 天就可以习惯盲打了，网络中有很多打字练习软件，可以下载使用提高打字速度。

1.7.2　实验十四　软键盘的使用

【实验目的】

1. 掌握键盘常用键的使用方法。

2. 掌握软键盘的使用方法。

【实验任务】

通过实验内容的学习，掌握常用键、常用组合键以及软键盘的使用方法。

【实验内容】

1. 特殊按键

（1）Enter：命令输入完成，在编辑软件中为自然段结束标志。

（2）Delete：在输入时删除光标后的符号。

（3）Backspace：在输入时删除光标之前的符号。

（4）Insert：在编辑文档时用于"改写"和"插入"状态的切换。

（5）Shift：来源于老式英文打字机，称换挡键，当一个按键上有两个符号时，输入上面的符号需按住 Shift 后再击对应的键；此方法也用在大小写字母输入中。

（6）Caps Lock：字母大写锁定键。

（7）Num Lock：数字键锁定键，位于数字辅助键区，用于切换数字编辑状态。

2. 常用组合键

（1）Ctrl+Tab：已打开的多窗口切换。

（2）Ctrl+A：全选当前窗口的内容。

（3）Ctrl+C：复制已选择的内容到粘贴板。

（4）Ctrl+X：移动已选择的内容到粘贴板。

（5）Ctrl+V：将粘贴板的内容粘贴到指定的位置。

（6）Ctrl+Z：撤消刚才的粘贴或修改操作。

（7）Ctrl+空格键：在中英文输入法之间进行切换。

（8）Ctrl+Shift：在包含英文和多种已安装中文输入法之间循环切换。

（9）Ctrl+点号：在中文状态下切换中英文标点符号。

3. 中文输入与软键盘

一般中文输入法都带有一个软键盘，用来输入一些特殊符号，如制表符、罗马序号、希腊字母、数学符号等。

任意选择一种中文输入法，这时就会显示输入法状态条，如图 1.25 所示。单击最右侧的软键盘按钮可以打开或关闭软键盘，打开软键盘后按键盘上的按键输入的是软键盘对应的字符。

图 1.25　输入法状态条

直接单击软键盘按钮，打开的可能是"PC 软键盘"，如图 1.26 所示，没有需要的特殊符号。

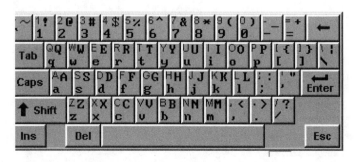

图 1.26　PC 软键盘

右键单击软键盘按钮，在弹出的快捷菜单中可以选择特殊符号的软键盘，进行特殊符号的输入，如图 1.27 所示。

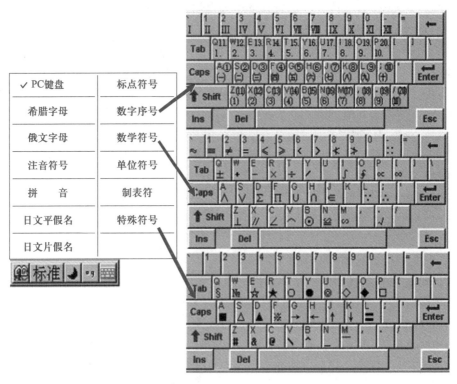

图 1.27　特殊字符的输入

　　打开软键盘后，可以通过鼠标单击软键盘上的键进行输入，也可以按正常键盘对应按键输入特殊字符。特殊字符输入完毕必须单击输入法状态条上的软键盘按钮关闭软键盘后方能使用正常键盘输入中文文字。

第 2 章　微型计算机的基本维护

【本章知识要点】

❶ 基本输入输出系统 BIOS 的功能与作用
❷ BIOS 的常用设置
❸ 微型计算机的启动过程
❹ 微型计算机常见硬件故障
❺ 主板常见故障与维护
❻ 内存、硬盘常见故障与维护
❼ 显卡、显示器常见故障与维护
❽ 驱动程序安装与更新方法
❾ 常用数据备份方法

2.1　微型计算机的启动原理

用户通过计算机终端调用软件来控制和使用计算机。所谓"终端"就是用户使用鼠标和键盘时面对的显示器上的操作系统界面（即操作窗口）。用户的所有操作都由 OS（操作系统）调用相应软件来完成。操作系统和软件安装在硬盘上，而正在计算机中执行的程序和数据需要调入内存，CPU 和内存发生数据交换。操作系统怎样进入内存？微型计算机是怎么启动的？这是本节实验的重点。

2.1.1　实验一　基本输入输出系统与系统启动过程

【实验目的】

1. 了解基本输入输出系统（BIOS）的功能及作用。
2. 了解 CMOS 的定义和功能。
3. 了解 UEFI-ROM 的功能。
4. 了解微型计算机的启动过程。

【实验任务】

通过实验内容的学习，了解 BIOS 和 CMOS 的定义和功能，了解微型计算机的启动过程。

【实验内容】

BIOS（基本输入输出系统）在微型计算机的启动过程中起了非常重要的作用，如果 BIOS 出现问题，计算机将不能正常开机使用。

1. BIOS 的作用及功能

（1）BIOS 的作用：微机开机后能够自动将操作系统读入内存，是因为厂家预写入了一段程序在 ROM（只读存储器）中，这段程序就是 BIOS，是英文"basic input/output system"的缩略语。它的全称应该是 ROM-BIOS，意思是只读存储器基本输入输出系统，是一组固化到计算机主板上的一个 ROM 芯片上的程序，称为 BIOS 或 BIOS 芯片。

（2）BIOS 的功能：ROM 是只读内存，它关机后信息不会丢失，微机通电开机后会自动从 ROM 最小地址编码单元开始执行指令，而这些指令集，就是厂商刷新到 ROM 中的基本输入输出系统。BIOS 芯片上保存着微机最重要的基本输入输出程序、开机上电自检程序和系统启动自举程序。它是连接软件程序与硬件设备的一座"桥梁"，负责解决硬件的即时要求。

● 基本输入输出程序：微机的系统软件或应用软件中的所有输入输出控制都要调用 BIOS 才能完成，它的功能是为每一个检测识别到的外设（接口）建立一个 I/O 通道，并分配一个内存缓冲区、指定一个通道入口地址（设备名），并将设备名及该设备输入输出控制需要的参数记录在 CMOS 芯片上的数据库中。

● 开机上电自检程序：微机电源接通后，系统将有一个对内部各个设备进行检查的过程，这是由一个名为 POST（power on self test，上电自检）的程序来完成。完整的自检包括了对 CPU、内存、ROM、主板、CMOS 存储器、串并口、显示卡、硬盘及键盘的测试。在自检过程中若发现问题，系统将给出提示信息或鸣笛警告。

● 系统启动自举程序：如果上电自检程序没有发现任何问题，完成自检后 BIOS 将实现自举。所谓自举，就是使微机系统从 BIOS 运行环境，切换到 RAM（随机存储器）运行操作系统软件。自举流程是：BIOS 按照系统 CMOS 设置中的启动顺序搜寻物理外存，如 SATA 接口上的硬盘、CD-ROM、USB 接口上的 U 盘、移动硬盘，网卡上的 ROM 等有效的启动驱动器，读操作系统引导记录进入内存，然后将系统控制权交给引导记录，由引导记录完成系统的启动。

2. CMOS 的定义及功能

BIOS 一般是运行在 CMOS 上的。CMOS 是互补金属氧化物半导体（complementary metal oxide semiconductor）的简称，在计算机中，CMOS 指的是主板上一个用电池供电的可读写的 RAM 芯片，在该芯片中存放了系统 I/O 配置信息，如外存类型及容量、内存、FBS 工作频率、CPU 的型号及内/外频等。它是支撑 BIOS 运行的数据库。

CMOS 中的部分数据可修改，BIOS 中有一段修改 CMOS 数据库的程序，运行该程序将打开一个修改窗口，将 CMOS 中的数据分类、分级、分屏显示在窗口中，供用户浏览修改。只有在 BIOS 自检完成后，操作系统引导前，按 F2 或 Delete 键才能进入 CMOS 设置环境。外存引导顺序是 CMOS 的可修改数据，也是微机系统安装、重装必须掌握的操作。

3. BIOS 与 UEFI

UEFI 是用来替代 BIOS 的新一代微机 ROM 启动系统，是 BIOS 的一种升级替代方案。如果仅从系统启动原理方面来做比较，UEFI 之所以比 BIOS 强大，是因为 UEFI 本身已经相当于一个微型操作系统，其带来的便利之处在于：

（1）UEFI 已具备文件系统的支持，它能够直接读取 FAT 分区中的文件。简单说，BIOS

只能从硬盘（外存）起始位置顺序读取数据；UEFI 可以按文件名读写存放在 FAT 分区外存的任意位置的文件。

（2）可开发出直接在 UEFI 下运行的应用程序，这类程序文件通常以 efi 结尾。既然 UEFI 可以直接识别 FAT 分区中的文件，又可以直接在其中运行应用程序，那么完全可以将 Windows 安装程序做成 efi 类型应用程序，然后把它放到任意 FAT 分区中直接运行即可。如此一来安装 Windows 操作系统这件过去看上去稍微有点复杂的事情突然就变得非常简单了，就像在 Windows 下打开 QQ 一样简单。

（3）UEFI 一般启动 GPT 分区硬盘，GPT 分区最大容量为 18 EB（1 EB = 1 024 PB = 1 024 * 1 024 TB），而 BIOS 的 NTFS 分区最大管理 2 TB 的容量，UEFI 有一个兼容性支持模块（CSM）支持 MBR 启动的模块，用以支持非 UEFI 启动模式。

4. 微机系统的启动过程

传统 BIOS 的启动过程如图 2.1 所示。

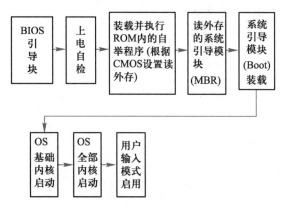

图 2.1　传统 BIOS 的启动过程

UEFI-ROM 的启动过程如图 2.2 所示。

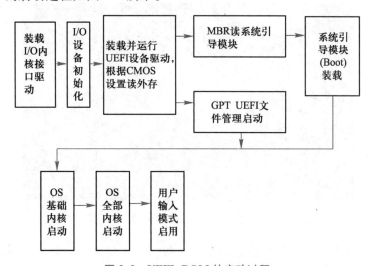

图 2.2　UEFI-ROM 的启动过程

【实验小结】

现代微型计算机的 ROM 启动是微机由硬件转换为包含硬件、系统软件和应用软件的微机系统的基础。启动方式分为传统 BIOS-ROM 引导和 UEFI-ROM 引导。对普通用户来说 UEFI 的最大优点是：将安装系统需要的系统启动 U 盘制作这个相对复杂的问题给取消了，安装系统和安装一般软件将不再有差别。UEFI 的高速安装或启动的前提是操作系统安装在 GPT 硬盘分区上，不是所有操作系统都支持 GPT。一般情况下，Windows 8 及以上版本的操作系统支持 GPT 安装，32 位的 Windows 7 及以下版本的操作系统是 MBR 硬盘分区。UEFI 能兼容 MBR 启动，而传统 BIOS 不支持 GPT 启动，必须通过 MBR 引导启动。在 CMOS 设置中，Legacy、Legacy BIOS 或 BIOS 均指传统 BIOS，主板不同，型号不同，则 CMOS 的提示词条可能不同。

2.1.2　实验二　BIOS 的进入及设置

【实验目的】

1. 了解 BIOS 的进入方式及设置界面。

2. 了解微机维护所必需的 BIOS 的设置。

【实验任务】

通过实验内容的学习，了解 BIOS 的设置界面及相应的参数设置，体会 BIOS 在微机维护和装机过程中的重要性。

【实验内容】

1. 进入 BIOS 设置界面

微机电源开启后，会看到开机徽标画面，如图 2.3 所示，不同的计算机开机画面有所区别。

图 2.3　开机徽标窗口

通常，开机窗口最下面的文字会给出进入 BIOS 设置的提示，例如，在图 2.3 所示的技嘉主板中各提示的含义如下：

- DEL：BIOS SETUP\Q-FLASH——按 Del 键进入 BIOS 设置。
- F9：SYSTEM INFORMATION——按 F9 键显示系统信息。
- F12：Boot MENU——按 F12 键进入启动菜单，可进行启动顺序的选择。
- END：Q-FLASH——按 End 键快速刷新 BIOS。

大部分微机显示这个徽标画面不会超过 2 秒，就进入到系统启动画面，用户必须在进入系统启动之前果断操作，按 Delete 键进入 BIOS 设置界面。如果是品牌机（包括台式计算机或笔记本电脑），如果按 Delete 不能进入 BIOS，那么就要看开机后计算机屏幕上的提示，一般是出现"Press XXX to Enter SETUP"，根据提示按"XXX"键就可以进入 BIOS 了。笔记本电脑触发键一般是 F2 或者 Delete 键。

如果没有如何提示，就要查看计算机的使用说明书。如果实在找不到，那么就试一试下面的这些品牌机常用按键：F2、F10、F12、Ctrl+F10、Ctrl+Alt+F8、Ctrl+Alt+Esc 等。

2. BIOS 设置窗口

BIOS 设置窗口一般有两种形式。

（1）BIOS 设置窗口形式一，如图 2.4 所示。

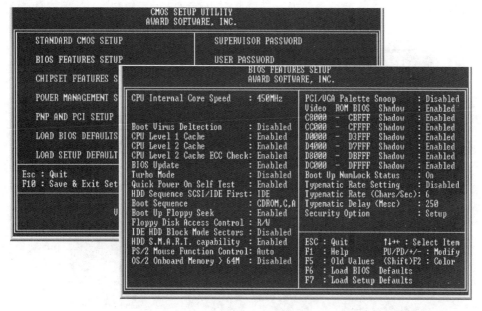

图 2.4　传统 BIOS 设置窗口

该形式首先进入的是主菜单窗口，在主菜单选择相应的项目后按 Enter 键进入子菜单，再选择要设计的 BIOS 项目，按 Page Up、Page Down、+、-键修改 BIOS 参数；按 Esc 键返回主菜单；按 F10 键存储本次修改后退出 BIOS；在主菜单下按 Esc 键，放弃本次修改并退出 BIOS。

在 BIOS 设置窗口中，用户可以做以下修改和调整。

- 设置日期：用户可以通过修改 CMOS 设置来修改计算机时间。选择第一个标准 CMOS 设定（STANDARD CMOS SETUP），按 Enter 键进入标准设定界面，利用数字键设置日期，也可以用 Page Up、Page Down 键进行修改。

● 设置启动顺序：如果用户要安装新的操作系统，一般情况下须将计算机的启动顺序改为先由光盘（CD-ROM）启动或者先由 U 盘启动。选择 BIOS 主界面中的第 2 个选项 BIOS 特性设定（BIOS FEATURES SETUP），将光标移到启动顺序项（Boot Sequence），然后用 Page Up 或 Page Down 键选择修改开机启动顺序。

● 设置 CPU：CPU 作为计算机的核心，在 BIOS 中有专项的设置。在主界面中用方向键移动到 CPU PLUG & PLAY 选项就可以设置 CPU 的各种参数了。在 Adjust CPU Voltage 选项中，可以设置 CPU 的核心电压。如果要更改此值，用方向键移动到该项目，再用 Page UP、Page Down 或 +、-键来选择合适的核心电压。然后用方向键移到 CPU Speed 选项上，再用 Page UP、Page Down 或 +、-键来选择适用的倍频与外频。注意，如果没有特殊需要，初学者最好不要随便更改 CPU 的相关选项！

● 设置硬盘参数：如果要更换硬盘，安装好硬盘后，要在 BIOS 中对硬盘参数进行设置。BIOS 中有自动检测硬盘参数的选项，如果装有两个硬盘，BIOS 自动设置主盘和从盘。

● 保存设置：所做的修改工作都要保存才能生效，要不然就会前功尽弃。设置完成后，按 Esc 返回主界面，将光标移动到 SAVE & EXIT SETUP（存储并结束设定）选项来保存（或按 F10 键），按 Enter 后，选择 Y 选项，保存设置并退出 CMOS 设置窗口。

（2）BIOS 设置窗口形式二，如图 2.5 所示。

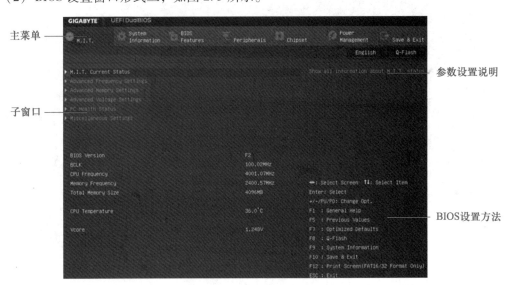

图 2.5　BIOS 系统信息设置窗口

这是目前常见的 BIOS 设置窗口形式，便于快速找到需要更改参数的 BIOS 项。以下实验以技嘉主板 BIOS 设置为例，介绍常用的 BIOS 参数设置。

1）M.I.T.（频率/电压控制），如图 2.6 所示。

CPU 频率、电压，内存、通道工作频率，CPU 风扇转速等在此子菜单设置，这个操作需慎重。普通用户可使用功能键 F7（optimized default）由 Bios 自动调整各参数为最优值。

主板型号不同，频率/电压控制菜单提示不同。例如，Frequency/Voltage Control 菜单、MB Intelligent Tweaker（M.I.T.）、Extreme Tweaker 等，都是频率/电压控制。有些支持超频设置，

有些不支持超频设置；超频不是简单的提高频率设置，它涉及电压、风扇通道等配套，而且有一定风险，一般赛扬 CPU 设置超频效果明显，有睿频的 CPU 就不要进行超频设置了。

图 2.6　频率/电压控制

2）System Information（BIOS 系统信息设置），如图 2.7 所示。

图 2.7　BIOS 系统信息设置

系统信息一般不需修改，该窗口除显示 BIOS 版本、本次进入 BIOS 密码的级别外，还能浏览修改系统日期时间信息、设置 BIOS 语言。对普通用户而言，最重要的是浏览系统已安装并被 BIOS 识别的外存的信息（如硬盘型号、容量等）。

3）BIOS Features（BIOS 功能设定）。

BIOS Features 是最经典的 BIOS 设置，功能与传统 BIOS 设置窗口内的比较相似。所有主板的 BIOS 版本都由此项设置，它包含开机引导顺序，数字小键盘状态，密码安全级别等常规设置，具体地，其可能包含以下设置：

a. Boot Option Priorities（开机设备顺序设定）：此选项用于从已连接的设备中设定开机顺序，系统会依此顺序进行开机。

现在的启动外存有两种模式，GPT 与 MBR，当选择的是 GPT 格式设备时，在下面的启动模式设置中应设置为"UEFI"模式。

b. Windows 8 Features：此选项用于选择所安装的操作系统（预设值：Other OS），Windows 8 为 GPT UEFI 启动模式。

c. CSM Support：此选项用于选择是否启动 UEFI CSM（compatibility support module）支持传统计算机开机程序。

Always——启动 UEFI CSM（预设值）。

Never——关闭 UEFI CSM，仅支持 UEFI BIOS 开机程序。

此选项只有在 Windows 8 Features 设为 Windows 8 时，才能开放设定。

d. Boot Mode Selection：此选项用于选择支持何种操作系统开机。

UEFI and Legacy——可从支持 Legacy 及 UEFI Option ROM 的操作系统开机（预设值）。

Legacy Only——只能从支持 Legacy Option ROM 的操作系统开机。

UEFI Only——只能从支持 UEFI Option ROM 的操作系统开机。

此选项只有在 CSM Support 设为 Always 时，才能开放设定。

e. Security Option（检查密码方式）：此选项用于选择是否在每次开机时皆需输入密码，或仅在进入 BIOS 设定程序时才需输入密码。设定完此选项后请至 Administrator Password/User Password 选项设定密码。

Setup——仅在进入 BIOS 设定程序时才需输入密码。

System——无论是开机或进入 BIOS 设定程序均需输入密码（预设值）。

f. Administrator Password（设定管理员密码）：此选项用于设定管理员的密码。在此选项按 Enter 键，输入要设定的密码，BIOS 会要求再输入一次以确认密码，输入后再按 Enter 键。设定完成后，一开机就必须输入管理员或用户密码才能进入开机程序。与用户密码不同的是，管理员密码允许进入 BIOS 设定程序修改所有的设定。

g. User Password（设定用户密码）：此选项可用于设定用户的密码。在此选项按 Enter 键，输入要设定的密码，BIOS 会要求再输入一次以确认密码，输入后再按 Enter 键。设定完成后，一开机就必须输入管理员或用户密码才能进入开机程序。用户密码仅允许进入 BIOS 设定程序修改部分选项的设定。

如果想取消密码，只需在原来的选项按 Enter 键后，先输入原来的密码，按 Enter 键，接着 BIOS 会要求输入新密码，直接按 Enter 键，即可取消密码。

h. Full Screen LOGO Show（显示开机画面功能）：此选项用于选择是否在一开机时显示技嘉 Logo。若设为 Disabled 选项，开机时将不显示 Logo（预设值：Enabled）。

i. Fast Boot：此选项用于选择是否启动快速开机功能以缩短进入操作系统的时间（预设值：Disabled）。

Enabled——开启快速启动。

Ultra Fast——可以提供最快速的开机功能。

j. VGA Support：此选项用于选择支持何种操作系统开机。

Auto——仅启动 Legacy Option ROM。

EFI Driver——启动 EFI Option ROM（预设值）。

此选项只有在 Fast Boot 设为 Enabled 或 Ultra Fast 选项时，才能开放设定。

4）Peripherals（集成外设），如图 2.8 所示。

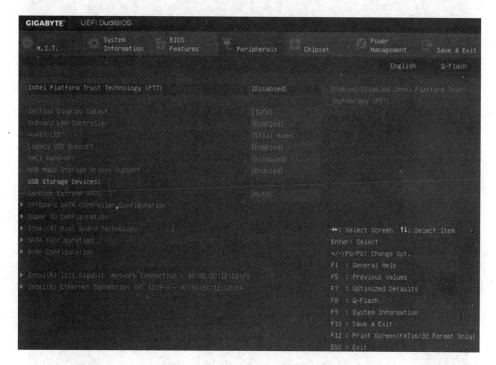

图 2.8　Peripherals（集成外设）

Peripherals 为主板集成 I/O 设备、接口、总线（通道）模式设置，不需要逐一设置，可使用 BIOS 默认值，安装 Windows XP 的用户应注意，应将 SATA Mode Selection 设置为 IDE，否则安装到最后会死机，安装好的 Windows XP 系统，启动也会蓝屏；安装 Windows 7 或 Windows 8 的用户，该项应选择 AHCI。

5）Chipset（芯片组功能设置），如图 2.9 所示。

Chipset 是芯片选项，可以设定主板所用芯片组的相关参数，还可以对主板不同接口进行设置，例如，显卡优先级、声卡、网卡、USB 等的设置。

6）Power Management（电力管理设定），如图 2.10 所示。

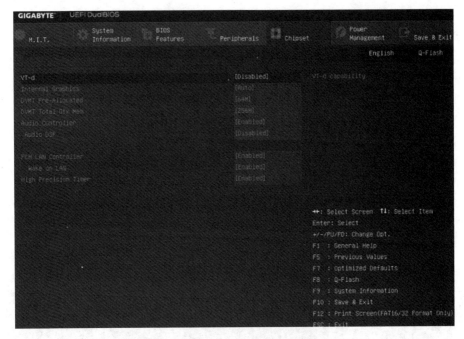

图 2.9　Chipset（芯片组功能设置）

图 2.10　Power Management（电力管理设定）

　　这是与电源相关的设置选项，在这里可以设置平台显示输出的优先级，设置唤醒，等等。另外还可以设定定时开机，并提供大量节能建议，等等。建议使用 **F7** 调用系统优化设置。

7）Save & Exit（储存设定值并结束设定程序）。

a. Save & Exit Setup（储存设定值并结束设定程序）：在此选项按 Enter 键然后再选择 Yes 选项即可储存所有设定结果并离开 BIOS 设定程序。若不想储存，选择 No 选项或按 Esc 键即可回到主画面中。

b. Exit Without Saving（结束设定程序但不储存设定值）：在此选项按 Enter 键然后再选择 Yes 选项，BIOS 将不会储存此次修改的设定并离开 BIOS 设定程序。选择 No 选项或按 Esc 键即可回到主画面中。

c. Load Optimized Defaults（载入最佳化预设值）：在此选项按 Enter 键然后再选择 Yes 选项，即可载入 BIOS 出厂预设值。执行此功能可载入 BIOS 的最佳预设值。此设定值较能发挥主板的运行性能。在更新 BIOS 或清除 CMOS 数据后，请务必执行此功能。

d. Boot Override（选择立即开机设备）：此选项用于选择要立即开机的设备。此选项下方会列出可开机设备，在要立即开机的设备上按 Enter 键，并在要求确认的信息出现后选择 Yes 选项，系统会立刻重开机，并从所选择的设备开机。

e. Save Profiles（储存设定文件）：此功能用于将设定好的 BIOS 设定值储存成一个 CMOS 设定文件（profile），最多可设定 8 组设定文件（profile 1~8）。选择要储存目前设定于 profile 1~8 的其中一组，再按 Enter 键即可完成设定。也可选择 Select File in HDD/USB/FDD 选项，将设定文件复制到储存设备中。

f. Load Profiles（载入设定文件）：系统若因运行不稳定而重新载入 BIOS 出厂预设值时，可以使用此功能将预存的 CMOS 设定文件载入，即可免去再重新设定 BIOS 的麻烦。请在要载入的设定文件上按 Enter 键即可载入该设定文件数据。也可以选择 Select File in HDD/USB/FDD 选项，从储存设备复制到其他设定文件，或载入 BIOS 自动储存的设定文件（如前一次良好开机状况时的设定值）。

【实验小结】
　　普通用户只要会设置引导启动顺序、系统开机密码和 BIOS 进入密码即可，其他 BIOS 参数在 Save & Exit 子菜单中调用 Load Optimized Defaults Setup 选项设置即可。

2.2　常见硬件故障与维护

集成电路与计算机技术发展到今天，计算机硬件及配件性能越来越稳定，故障率越来越低，大部分故障均因维护操作不当所致，如主板进水、笔记本电脑散热通道堵塞、硬盘工作时震动、接口插槽灰尘阻塞、接触点氧化等。本节按主要配件分类分析故障原因，介绍常规维护方法。

2.2.1　实验三　主板常见故障与维护

【实验目的】

1. 了解引发主板故障的原因。

2. 了解主板常见故障的表现形式。

3. 掌握主板故障的常用维护方法。

【实验任务】

通过实验内容的学习，掌握主板常见故障及日常维护，规范自己对计算机的使用方式。

【实验内容】

1. 环境引发的故障

（1）灰尘等引起的故障。

表现症状：经常死机、重启后有时能开机有时系统启动一半死机等。

故障原因：主板接口插槽灰尘引起的接触不良。

（2）温度过高引起的故障。

表现症状：处理速度变慢，台式机常伴有风扇噪声，笔记本电脑风道出口发烫。

故障原因：散热片风道阻塞引发的故障，处理速度变慢也可能是病毒木马引发的，现在有很多检测 CPU、主板、硬盘等配件温度的小软件，检测温度正常，则可排除硬件温度故障。

（3）湿度、灰尘引发的故障。

表现症状：关机很长时间后，再开机无反应。

故障原因：多发生在湿度大的夏天，ATX 电源短路保护；因机箱震动，灰尘楔入卡槽间造成断路，也可能无法开机。

2. 人为原因故障

（1）安装设备及板卡时用力过度，造成设备接口、芯片和板卡等损伤或变形。

表现症状：经常死机、系统启动蓝屏等。

故障原因：因装配不仔细造成的板卡轻微变形，因板卡本身的延展性，故障要在半年或一年以后才能发现，而此时再矫正变形非常困难。因此，安装板卡时要细心，注意形状、卡槽受力方向，是避免此类故障的最好方法。

（2）带电插拔设备及板卡。

除 USB 接口支持热拔插外，大部分其他接口均不能带电插拔，微机关机并没有断电，拔掉电源插座才断电；低音炮这类大功率音箱，一定要断电后再与计算机连接，否则很容易烧声卡。

（3）主板进水（多发生在笔记本电脑）。

微机的 AXT 电源会自动进行短路保护，在水汽没有干前，不要试图开机。台式机应拔出电源插座，笔记本应卸下电池，耐心等待水汽风干。

（4）超频、跳线设置故障。

当 CMOS 设置，特别是超频设置后，或改动了主板跳线后，系统如无法启动或蓝屏，请关机，恢复跳线或 CMOS 设置。

系统蓝屏提示：

（1）如在系统安装过程或 CMOS 优化设置后出现该蓝屏提示，重启后系统仍然蓝屏。

● CMOS 设置问题，一般是硬盘输入模式设置错。

● 也有可能是硬件故障（大概是超频惹祸）。

（2）如在系统使用过程中频繁出现该蓝屏提示。

- 可能是硬盘物理坏道，应更换硬盘或用专业软件屏蔽坏道。
- 物理坏道的现象之一是蓝屏，重启后系统正常，但蓝屏频率越来越高。

2.2.2　实验四　内存、硬盘常见故障与维护

【实验目的】

1. 了解内存故障的现象及维护。
2. 了解硬盘故障的现象及维护。

【实验任务】

通过实验内容的学习，了解内存及硬盘故障的现象，掌握日常硬件维护的常用方法，规范自己对计算机的使用方式。

【实验内容】

1. 内存故障

内存故障一般为安装接触类故障，故障现象为开机 PC 喇叭连续长响或无反应，打开机箱，取下内存条，用洗耳球（如图 2.11 所示）辅以软刷清扫内存插槽，用橡皮擦清洗内存接触点，再插上内存，一般都能消除故障。

图 2.11　洗耳球

因灰尘和潮湿造成内存接触点氧化断路，是产生内存故障的主要原因，使用一年后的计算机容易发生这类故障。打开机箱盖，特别是笔记本电脑的底盖，是维护维修计算机的基本技能。开箱操作要切记：断电、细观察、慢操作、在固定位置存放卸下的螺钉线卡。

2. 硬盘故障

开机自检时没有发现硬盘的原因可能是：CMOS 中硬盘参数设置不当、硬盘数据线或电源线没有正确插入、两个外存设备使用同一根信号排线但都设置为相同的主从设备、硬盘损坏或者硬盘控制通道损坏。

因硬盘（特别是笔记本电脑的硬盘）工作时震动造成的损坏案例不少。目前机械硬盘仍然是磁信号非接触读写，磁盘磁头在真空环境下的转速为 5 400 r/m 或 7 200 r/m。磁头与盘片距离非常小，硬盘工作时，有节奏的拍打笔记本电脑右下角（有些用户的习惯），共振的力量可以让磁头盘片接触而损坏硬盘。

硬盘读写出错的原因可能是：硬盘参数错误、硬盘有丢失簇或丢失簇链、硬盘有坏道、硬盘数据线过长、硬盘与光驱使用同一根信号电缆、传输数据类型不同、信号电缆被拉长变形等。

2.2.3　实验五　常见显示故障与维护

【实验目的】

了解显卡、显示器故障的现象及维护。

【实验任务】

通过实验内容的学习，了解常见的显示故障及维护方法，规范自己对计算机的使用方式。

【实验内容】

1. 计算机启动时黑屏故障

（1）开启电源开关时，黑屏且电源指示灯不亮：电源故障，或者总线槽中的扩展卡故障引起电源保护。

（2）开机黑屏但有声音提示：显卡松动或显卡故障、显示器亮度和对比度被调到了最小、内存松动或内存故障、主板或 CPU 异常。

（3）开机黑屏且无声音提示：BIOS 被病毒破坏、BIOS 升级失败、主板损坏、CPU 故障等。

2. 其他显示故障

（1）显示器只有亮点或亮线：显示器控制电路故障。

（2）显示器花屏：液晶板损坏或者屏线摩擦短路故障。

（3）颜色显示不正常：显示卡与显示器信号线接触不良，多发生在 VGA 接口，一般是接口内的一根针被压弯或接触不良。

（4）显示偏色：液晶面板周围受力不均、或者显示器品质不高。

（5）显示某些界面超出屏幕：分辨率设置太低，请设置为 1 366×768 像素、1 920×1 080 像素或更高。

（6）显示颜色失真：设置的颜色数太少，请设置为 24 位或 32 位色。

（7）显示闪烁太强（眼睛容易疲劳）：显卡品质不高。

（8）显示模式不能调整到更高的颜色数（如 16 位、24 位或 32 位色）或更高的分辨率（如 1 024×768 像素、1 280×1 024 像素、1 366×768 像素等）：显卡 RAM 不够，高分辨率和高颜色数不可兼得、显卡驱动程序没有安装或安装版本不正确。

【实验小结】

在计算机的日常使用中应注意：防尘、防潮、防震动，保持扇热通道畅通；夏天高温下使用计算机，通过温度检测软件监测 CPU、内存、显示器、硬盘和主板温度很有必要，一旦超过上线，应考虑使用辅助散热工具（如空调、风扇）进行散热或关机。计算机硬件故障大部分是接触类故障，此类故障用户可自己处理，前提是有拆卸机箱，特别是笔记本电脑机盖的能力。目前笔记本电脑的用户越来越多，笔记本电脑的散热风道阻塞是很多故障现象的根源，准备一个洗耳球、一把软刷清扫内存插槽，清扫 PCI 插槽，清扫主板，清扫散热片与散热通道，是定期应做的维护。清扫过程严禁用水或酒精，因为所有板卡的表面都涂有绝缘层，水或酒精会破坏绝缘层。

2.3 驱动程序与数据维护

计算机软件主要分为系统软件和应用软件两部分，其中驱动程序是计算机硬件与操作系统之间的桥梁。硬件如果缺少了驱动，或者没有使用最新的驱动程序，本来性能强大的硬件就无法根据软件发出的指令进行工作，将产生相应的运行问题，或者无法将性能完全释放。同时，随着信息技术的进步，特别是计算机网络的飞速发展，数据安全的重要性日趋明显。在操作系统中定期对数据进行备份，可以防止各种由硬件、软件和人为误操作造成的数据丢失，大大提高系统的可用性和可恢复性。因此本节从驱动程序和数据维护两个方面介绍软件常见问题及维护。

2.3.1　实验六　驱动程序安装与更新

【实验目的】
了解 Windows 系统下驱动程序的安装与更新维护。
【实验任务】
通过实验内容的学习，了解驱动程序的常见安装与更新维护方法，规范自己对计算机的使用方式。
【实验内容】
1. 查看计算机硬件及其驱动程序信息
（1）打开 Windows 的控制面板，选择"硬件和声音"下的"设备管理器"选项，如图 2.12 所示。

图 2.12　设备管理器

（2）在"设备管理器"中选择需要查看的硬件，单击鼠标右键，在弹出的快捷菜单中选择"属性"选项，打开"属性"对话框，将对话框切换到"驱动程序"选项卡，如图 2.13 所示。
（3）在"驱动程序"选项卡中列出了相关驱动程序的基本信息，若需要了解详细信息，可单击"驱动程序详细信息"按钮，查看对应驱动程序的提供商、版本、文件地址等信息，如图 2.14 所示。

大学计算机实验（第4版）

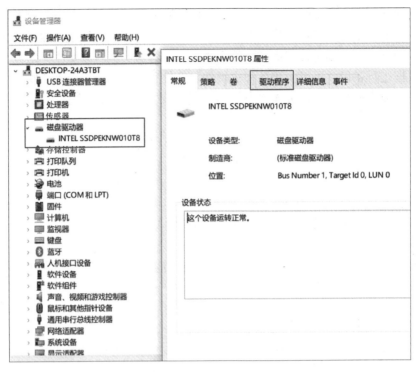

图 2.13 查看驱动程序信息

图 2.14 驱动程序详细信息

2. 更新驱动程序

（1）在"设备管理器"中选择需要查看的硬件，单击鼠标右键，在弹出的快捷菜单中选择"更新驱动程序"选项，如图 2.15 所示。

图 2.15　更新驱动程序

（2）更新驱动程序有两种选择，一种是"自动搜索驱动程序"，如图 2.16 所示。

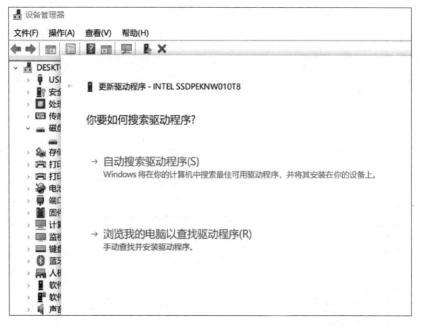

图 2.16　搜索驱动程序

另一种是如果已经明确需更新的驱动所在的位置，则可选择"浏览我的电脑以查找驱动程序"选项，并选择文件进行更新，如图 2.17 所示。

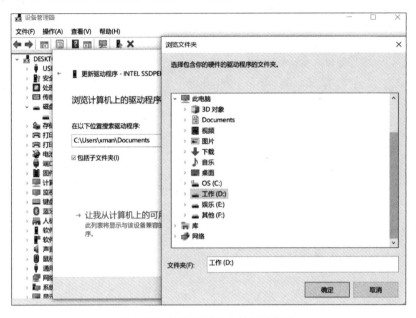

图 2.17　浏览计算机上的驱动程序

3. 删除硬件驱动

如需删除某个硬件的驱动，可在选择硬件后右击鼠标，在弹出的快捷菜单中选择"卸载设备"选项，或者在快捷菜单中选择"驱动程序"选项，在弹出的级联菜单中选择"卸载设备"选项，弹出"卸载设备"对话框，如图 2.18 所示。

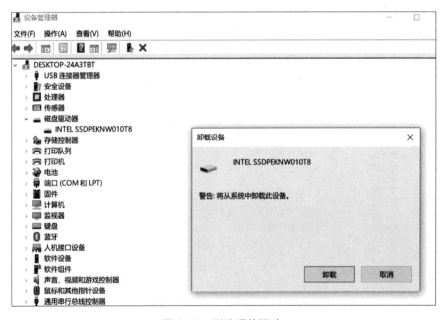

图 2.18　删除硬件驱动

4. 除了使用操作系统的"设备管理器"之外，还可使用"驱动之家"或"驱动精灵"等应用软件对计算机硬件驱动进行更新和管理

【实验小结】
　　尽管 Windows 提供了强大的即插即用功能，支持许多计算机常用硬件，不用安装驱动程序就能够使计算机正常工作，但要使硬件的功能很好地发挥，建议使用由硬件厂商提供的最新驱动程序。大部分硬件的驱动程序会存储于附带的光盘中，也可从相应品牌的官方网站上进行下载。

2.3.2　实验七　常用数据备份和还原方法

【实验目的】
了解 Windows 系统下的数据备份和恢复方法。

【实验任务】
通过实验内容的学习，了解操作系统、文件系统数据备份和还原的方法，规范自己对计算机的使用方式。

【实验内容】
1. 操作系统备份和还原
此功能的目的是将现有系统的系统分区全盘备份，一旦以后系统出问题，可通过备份文件将系统还原至未出问题之前的版本。

（1）打开 Windows 的控制面板，选择"系统与安全"下的"备份和还原（Windows 7）"选项，注意这里不是指将当前的 Windows 11 系统备份至 Windows 7 版本，而是指 Windows 11 中备份和还原功能与 Windows 7 相同（如图 2.19 所示）。

图 2.19　备份和还原

（2）选择"备份和还原"下的"设置备份"选项，启动系统备份，如图 2.20 所示。

图 2.20　启动 Windows 备份

（3）选择备份的保存位置，可以选择将备份保存在本机硬盘中，但是更推荐将备份保存在外部存储器或者网络空间中，如图 2.21 所示。

图 2.21　选择系统备份位置

（4）选择好备份位置后，单击"下一页"按钮，设置备份的内容，这里推荐选择"让 Windows 选择（推荐）"选项，如图 2.22 所示。

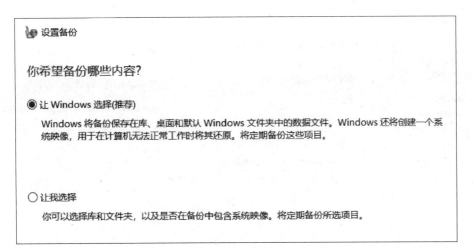

图 2.22 选择系统备份内容

（5）选择好备份内容后，单击"下一页"按钮，可以更改备份计划，选择定期备份频率和备份时间，如图 2.23 所示。

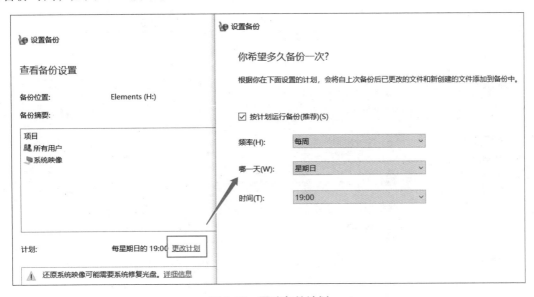

图 2.23 更改备份计划

（6）如需还原系统备份，可以使用"备份和还原"下的使用本机备份还原功能，或者使用"选择其他用来还原文件的备份"选项，并且选择备份文件位置，然后开始还原，如图 2.24 所示。

2. 文件备份和还原

除了系统文件外，还可设置其他普通文件的备份和还原，步骤如下：

（1）插入用于备份数据的移动设备。

（2）打开 Windows 的控制面板，选择"系统与安全"下的"通过文件历史记录保存你的文件备份副本"选项，如图 2.25 所示。

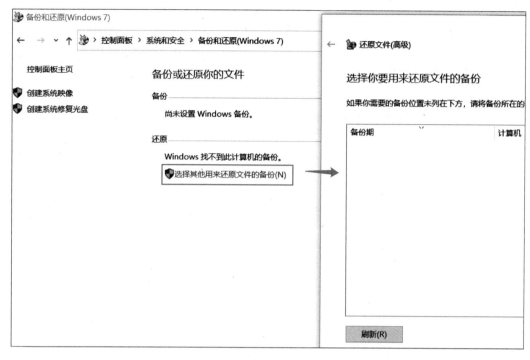

图 2.24   还原系统备份

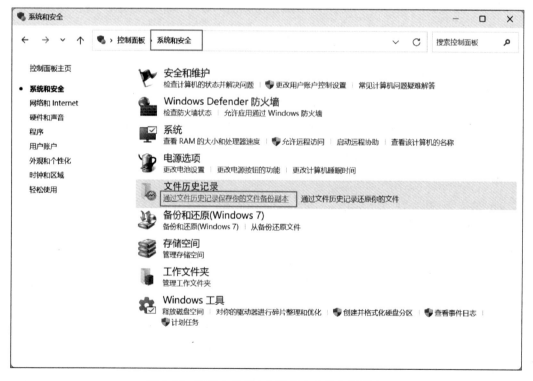

图 2.25   通过文件历史记录保存文件备份副本

（3）单击"启用"按钮，等待完成即可完成备份，如图 2.26 所示。

图 2.26　启用文件历史记录

（4）以上步骤只能在操作后进行一次文件备份，如需定时自动周期性地备份文件，可选择"文件历史记录"窗口左侧的"高级设置"选项，在弹出的窗格中设置多久自动保存一次文件副本，以及每次保存的版本保留多长时间，如图 2.27 所示。

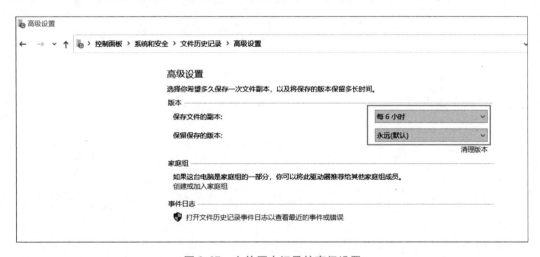

图 2.27　文件历史记录的高级设置

（5）如需还原文件至之前备份的版本，打开 Windows 的控制面板，选择"系统与安全"下的"通过文件历史记录还原你的文件"选项，如图 2.28 所示。

图 2.28　通过文件历史记录还原你的文件

（6）在弹出的窗口中单击"还原到原始位置"按钮，等待完成即可，如图 2.29 所示。

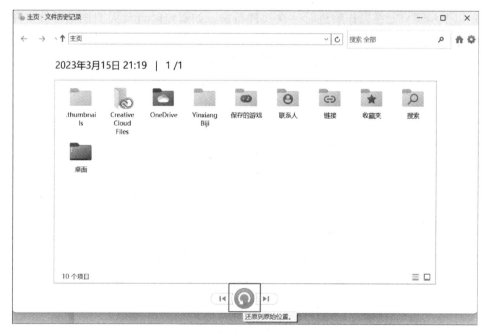

图 2.29　还原文件

（7）除了使用移动设备备份还原文件外，还可以使用 OneDrive 等软件进行云备份及还原。

【实验小结】

　　备份数据时，建议不要将文件备份到恢复分区或安装有 Windows 的相同硬盘。注意制造商经常会在计算机上配置一个恢复分区，并且通常恢复分区会显示为硬盘。同时，注意务必将用于备份的媒体存放在一个安全的位置，以防止他人对备份文件进行访问。最后，请注意备份文件的安全，并且可以考虑对备份数据进行加密。

第 3 章　Windows 11 操作系统

【本章知识要点】

❶ **Windows** 操作系统的用户接口
❷ **Windows** 操作系统的用户账户管理方法
❸ 资源管理器与操作系统的存储管理方法
❹ 作业管理与操作系统的任务调度方法
❺ 处理器管理与内存管理方法
❻ 利用控制面板进行设备管理方法
❼ **Windows** 操作系统下应用软件的安装与卸载方法
❽ **Windows** 操作系统下应用软件的兼容性设置方法
❾ 虚拟机的安装与使用方法

3.1　Windows 11 的用户接口与管理功能

操作系统有五大功能，分别是：处理机管理（又叫进程管理）、存储管理（对内存的管理）、文件管理、设备管理与作业管理（又叫任务管理）。当计算机启动进入 Windows 11 桌面后，用户通过键盘、鼠标选择或单击桌面图标或菜单来使用计算机。显示屏上的桌面与窗口，操作微机使用的键盘和鼠标就是现代微机的终端，也叫用户接口。用户在终端上的操作全部由操作系统来识别调度，因此终端与操作系统就确定了微机的使用环境，环境不同（如 Windows 与 macOS，微机与 iPad），使用方法和技巧就有差异。然而，无论什么样的操作系统，其操作控制主线是相同的，所有的终端操作都是由操作系统识别，由操作系统调度软件、驱动硬件完成用户的终端操作指令。

3.1.1　实验一　Windows 启动与用户接口

【实验目的】

1. 了解 Windows 的用户接口。
2. 掌握 Windows 11 的基本应用。

【实验任务】

在 Windows 11 操作系统下，对任务栏、"开始"菜单、资源管理器等进行个性化设置。

【实验内容】

1. 桌面与任务栏

开启计算机，如系统无故障，计算机将进入 Windows 操作界面，如图 3.1 所示。

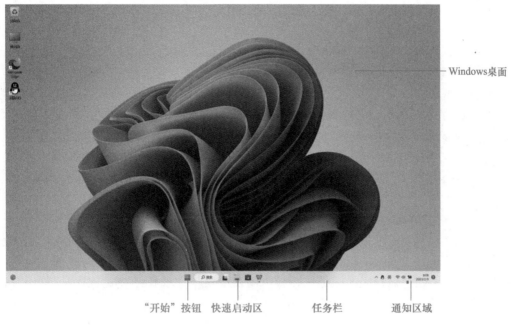

图 3.1　Windows 11 的桌面构成

2. 桌面个性化的设置

在桌面任意位置单击鼠标右键，在弹出的快捷菜单中选择"个性化"选项，打开"个性化"窗口，单击"主题"→"桌面图标设置"按钮，打开"桌面图标设置"对话框，勾选"桌面图标"选项组中的选项，如图 3.2 所示。

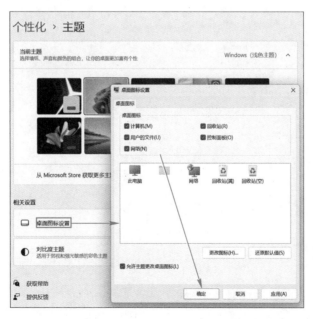

图 3.2　Windows 11 个性化设置

Windows 的个性化设置主要包括：主题（桌面背景、屏幕保护程序、窗口边框颜色和声音方案）设置、桌面图标设置、任务栏与"开始"菜单设置、鼠标指针设置、账户图片设置等。

Windows 桌面除了有通过个性化设置的桌面图标外，还有很多用户创建的快捷方式图标、应用程序安装时创建的应用程序启动的快捷方式桌面图标以及通过资源管理器创建的文件或文件夹的桌面快捷方式图标。

创建快捷方式的方法有以下两种：

（1）在资源管理器中找到文件或文件夹，单击鼠标右键，在弹出的快捷菜单中选择"创建快捷方式"选项，再将创建的快捷方式图标拖到需要快捷启动的位置。

（2）选中找到的文件或文件夹，按住鼠标右键拖到需快捷启动的位置释放鼠标右键，在弹出的菜单中选择"在当前位置创建快捷方式"选项即可。

3. 任务栏快速启动区

所有桌面图标都可以被拖到（选中图标后按住鼠标左键拖到目的地释放左键）任务栏左侧，作为任务栏快速启动区的快捷图标。

可右击任务栏快速启动区的图标，在弹出的快捷菜单中选择"将此程序从任务栏解锁"选项，移除该程序在任务栏快速启动区的图标。

4. "开始"菜单

单击任务栏左侧的"开始"菜单按钮，弹出"开始"菜单，如图 3.3 所示，对计算机的所有操作以及调用已安装的软件都可以从这里开始。

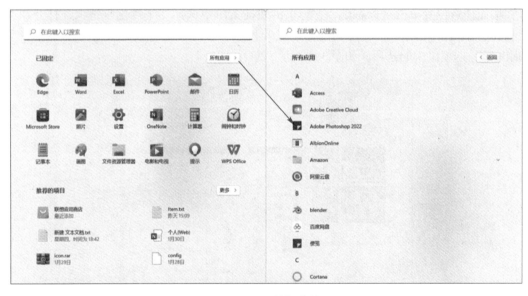

图 3.3 "开始"菜单

【实验小结】

Windows 的桌面图标、任务栏、"开始"菜单是 Windows 初始操作界面，是微软提供给用户的基本操作接口。每一个用户可通过个性化设置，设计符合自己习惯的桌面背景、桌面图标和任务栏。使用计算机就是调用软件，大部分软件可通过桌面图标、"开始"菜单、快捷方式调用，一些文件操作就必须通过资源管理器先定位，再打开。因此，对 Windows 用户而言，用户接口就是桌面图标、任务栏、"开始"菜单和资源管理器。

3.1.2　实验二　Windows 的用户账户管理

微视频 3-1

用户账户的创建

【实验目的】

1. 了解 Windows 的用户与管理权限。

2. 掌握用户的创建和密码的设置方法。

【实验任务】

打开 Windows 的控制面板，利用用户账户管理功能，在计算机上创建一个名为"用户 1"的标准用户。

【实验内容】

创建新账户的操作步骤如下：

（1）右击"开始"菜单，选择"设置"命令，打开"设置"窗口，选择"账户"下的"其他用户"命令，如图 3.4 所示，打开"其他用户"窗口。

图 3.4　"其他用户"设置

（2）单击"添加账户"按钮，打开"Microsoft 账户"窗口，选择"我没有这个人的登录信息"选项，如图 3.5（a）所示。单击"同意并继续"按钮，如图 3.5（b）所示。再选择

"添加一个没有 Microsoft 账户的用户"选项，如图 3.5（c）所示。最后在"用户名"文本框中输入"用户 1"并单击"下一步"按钮，如图 3.5（d）所示。

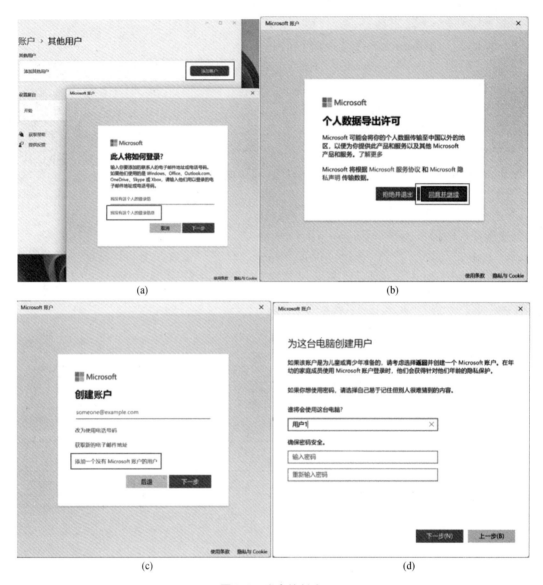

(a)　　　　　　　　　　　　(b)

(c)　　　　　　　　　　　　(d)

图 3.5　账户的创建

（3）单击"开始"按钮，在菜单上方搜索并选择"控制面板"，打开"控制面板"窗口，将查看方式调整为"大图标"，依次选择"用户账户"→"用户 1"→"创建密码"选项，如图 3.6 所示。

（4）在创建密码窗口中，输入新密码，再次确认新密码，输入密码提示（可选），单击"创建密码"按钮完成密码设置，如图 3.7 所示。

图 3.6　用户账户密码的设置

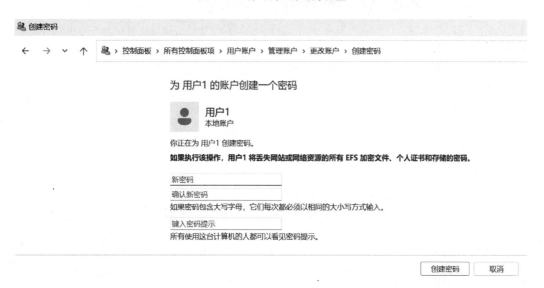

图 3.7

　　新账户创建后在"管理账户"窗口中有对应的图标，系统重启后会先出现用户选择窗口，选择用户后，输入用户密码打开对应的 Windows 桌面。

安装系统时生成的管理员账户没有"删除账户"选择，只有系统安装后创建的账户可以删除。系统安装完成后默认的用户名是 Administrator，具有管理员权限，考虑到 Windows 的系统安全与一些应用软件对系统环境设置要求差别以及不同用户对系统操作环境的个性设置（桌面图标、任务栏、默认窗口组件模式等），Windows 建议创建多个用户以应对不同需求。

【知识拓展】

Windows 11 的常用组及其对应的使用权限如表 3.1 所示。

表 3.1　账户使用权限

组（账户类型）	使用权限
Administrators 管理员账户	管理员账户就是允许对计算机进行系统范围更改的用户账户。管理员可以更改安全设置，安装软件和硬件，访问计算机上的所有文件。管理员还可以对其他用户账户进行更改
Users 标准账户	标准账户可防止用户做出会对该计算机的所有用户造成影响的更改（如删除计算机工作所需要的文件），从而帮助保护计算机。建议为每个用户创建一个标准账户 当使用标准账户登录到 Windows 时，可以执行管理员账户下的几乎所有操作，但是如果要执行影响该计算机其他用户的操作（如安装软件或更改安全设置），则 Windows 可能要求提供管理员账户的密码
Guest 来宾账户	来宾账户 Windows 提供的匿名登录方式，建议禁用，因为很多黑客利用此方式进入攻击系统

3.1.3　实验三　处理机管理与存储管理

【实验目的】

1. 了解 Windows 的任务管理器窗口构成。
2. 了解进程调度、内存管理方法。
3. 掌握任务管理器的使用方法。

【实验任务】

通过 Windows 任务管理器窗口，了解作业管理、进程管理与内存的管理。

【实验内容】

1. 打开任务管理器的两种方式

（1）右击"开始"按钮，在弹出的快捷菜单中选择"任务管理器"命令，打开"任务管理器"窗口。

（2）在计算机没有任何响应时，可以按 Ctrl+Alt+Delete 键启动任务管理器，如图 3.8 所示。

2. 作业管理

用户单击 Windows 的桌面图标或者"开始"菜单中的菜单项，打开资源管理器或其中的文件，即可创建一个 Windows 任务，例如，在图 3.8 中"应用"选项卡下，显示当前在计算机上的 3 个任务。

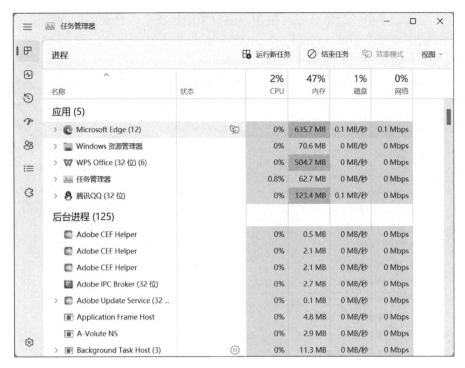

图 3.8　任务管理器

作业创建过程如下：

（1）当系统进程"System Idle Process"接收到用户接口的请求后，开始创建作业。

（2）存储管理进程为作业分配一个内存缓冲区。

（3）设备管理进程开通内存缓冲区到作业存放外存的 I/O 通道。

（4）根据文件管理（资源管理器）的指示，将读作业运行所必须的程序命令和数据到分配的内存缓冲区，作业创建成功，形成用户进程，请求 CPU 处理。

3. 进程管理（处理机管理）

进程管理又叫处理机管理，程序是以进程为单位来分配 CPU 资源的。任务管理器窗口中"应用程序"选项卡显示的是已创建的作业，"进程"选项卡显示的是由作业创建的用户进程以及用户进程的运行环境——系统进程。

用户进程一般由用户通过用户接口的终端操作请求作业管理创建，进程的形成和运行需要环境的支撑，这个环境包含内存空间、系统进程、关联支撑进程等。

进程由作业（调用程序文件）生成，虽然在任务管理器中看到的是程序文件名，但进程不是程序，进程是动态的，是程序的一次执行过程；程序是静态的，是存放在外存上的文件。进程分用户进程和系统进程，系统进程由 BIOS 自举系统启动创建。

关闭当前不需要的用户进程可以优化进程的运行环境，方法如下：

方法 1：直接关闭任务窗口。

方法 2：找到软件窗口对应的任务栏图标，右击鼠标，选择"关闭"命令。

当以上两种方法无法关闭任务时，可以打开任务管理器，在进程选项卡下选中占用 CPU

资源多的用户进程，单击"结束任务"按钮，强行关闭该进程，释放占用的 CPU 资源和内存资源。例如，选中"WPS Office（32 位）"进程，单击"结束任务"按钮，可以关闭 WPS 应用程序，如图 3.9 所示。

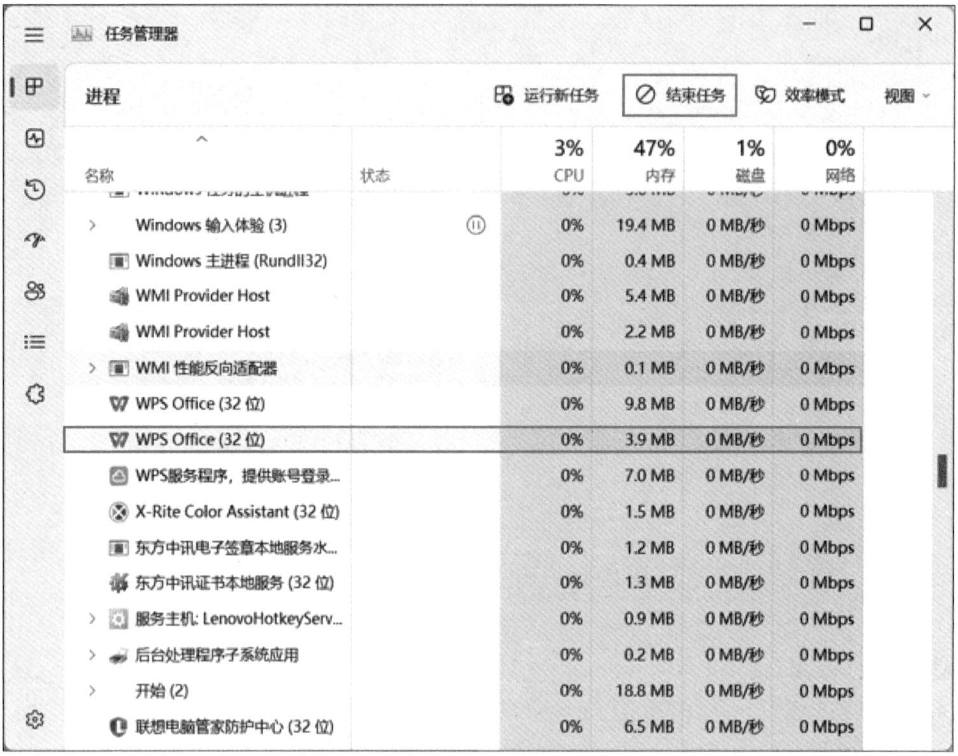

图 3.9　关闭进程"WPS Office（32 位）"

4. 设置虚拟内存与存储管理

进程的形成和运行都离不开存储管理分配的内存空间，进程结束后才会释放内存空间。Windows 启动后，系统核心进程和附加进程将占用大量内存空间，每打开一个应用程序，都会创建一到多个用户进程，Windows 的存储管理为每一个进程分配一个独立的内存空间。

为解决进程运行中的物理内存碎片问题，以及内存与外存文件交换的命中率问题，Windows 采用了虚拟内存技术，它使得应用程序认为它拥有连续的可用内存。而实际上，它通常是被分隔成多个物理内存碎片，还有部分暂时存储在外部存储器上，在需要时进行数据交换。

（1）右击桌面上的"此电脑"图标，在弹出的快捷菜单中选择"属性"命令，打开"系统信息"窗口。在"系统信息"窗口中可以查看当前计算机的配置及操作系统版本信息，如图 3.10 所示。

（2）在窗口中单击"高级系统设置"选项，打开"系统属性"对话框。

（3）选择"高级"选项卡，单击"性能"选项组中的"设置"按钮，打开"性能选项"对话框，如图 3.11 所示。

（4）选择"高级"选项卡，单击"虚拟内存"选项组中的"更改"按钮，打开"虚拟内存"对话框，如图 3.12 所示。

系统基本信息

单击进入
高级设置

图 3.10　"系统信息"窗口

图 3.11　"性能选项"对话框

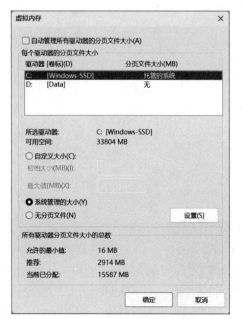

图 3.12　"虚拟内存"对话框

（5）虚拟内存在 Windows 中叫分页文件（Pagefile. sys），是硬盘上的一个连续空间，对于物理内存小于 4 GB 的计算机建议选择"系统管理的大小"选项。

（6）早期的虚拟内存是因为物理内存不够，以增加 I/O 次数，降低运行速度来保证大程序能够运行，现在系统配置内存最少是 2 GB，一般是 4 GB、8 GB，内存不够用的情况较少。虚拟内存的另一个功能是提高进程的数据交换效率。

3.1.4　实验四　设备管理

【实验目的】

1. 了解设备管理器的使用，通过设备管理器查看当前计算机上的设备及其工作状态，并更新设备驱动程序。

2. 掌握通过控制面板对常用设备进行属性设置的方法。

【实验任务】

1. 打开设备管理器，查看设备工作状态。

2. 打开控制面板对显示器分辨率进行调整，设置屏幕保护程序。

【实验内容】

单击"开始"按钮，在菜单中搜索并选择"控制面板"命令，打开"控制面板"窗口，将查看方式调整为"大图标"，如图 3.13 所示。

图 3.13　"控制面板"窗口

设备管理器的使用

1. 打开设备管理器，查看设备工作状态

在"控制面板"窗口中，单击"设备管理器"图标，打开"设备管理器"窗口。

Windows 提供的设备管理器以树形结构记录了系统的所有硬件以及对应的驱动程序。如果没有"其他设备"选项，则表示该系统的所有设备都已正确安装，如果设备图标上有惊叹号（！），则表示驱动程序与设备不匹配，该设备不能使用，需要重新安装驱动程序。

　　例如，右击"Bluetooth Device"图标，在弹出的快捷菜单中选择"更新驱动程序"选项，在操作向导的提示下正确安装驱动程序，如图 3.14 所示。

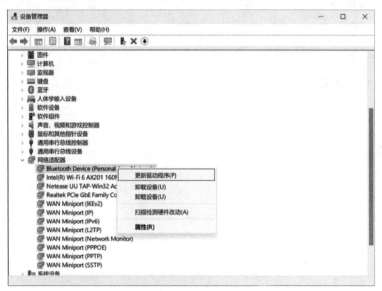

图 3.14　"设备管理器"窗口

　　2. 打开显示属性，对显示器属性进行调整

　　（1）右击"开始"菜单，在弹出的快捷菜单中选择"设置"选项，打开"设置"窗口，在"系统"菜单中单击"屏幕"选项，打开"屏幕"属性窗口，如图 3.15 所示。

微视频 3-3

显示属性的设置

图 3.15　"屏幕"属性窗口

（2）单击"显示器分辨率"右侧的下拉按钮，会弹出可选分辨率列表，在列表中选择合适的分辨率，单击即可，如图3.16所示。

图3.16　屏幕分辨率的设置

（3）选择"系统"窗口中的"个性化"选项，如图3.15所示，进入"个性化"设置窗口，单击"锁屏界面"命令，打开"锁屏界面"窗口，如图3.17所示，在其中可对"显示"进行个性化设置。

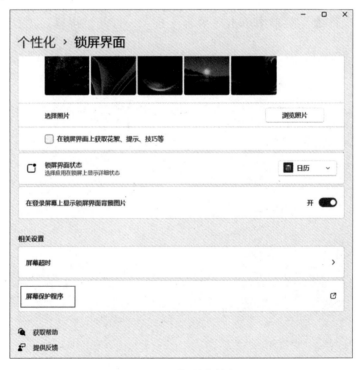

图3.17　"显示"的个性化设置

（4）在"锁屏界面"窗口中单击"屏幕保护程序"命令，打开"屏幕保护程序设置"对话框，单击"屏幕保护程序"下拉按钮，在下拉菜单中任意选择一款屏幕保护程序，设置"等待"时间，勾选"在恢复时显示登录屏幕"复选框（如果计算机设置了用户名和密码，则当屏幕保护恢复时会出现用户登录界面，需正确输入密码后才能恢复到 Windows 界面），如图 3.18 所示。

图 3.18　屏幕保护程序的设置

【知识拓展】
　　Windows 通过设备驱动程序来控制输入输出设备，设备驱动程序的主要功能是输入输出控制、接口的数模转换。Windows 系统安装包包含了大部分输入输出设备的标准驱动程序，但多媒体设备（如显卡、网卡、声卡等）需安装相应厂家的驱动程序才能被正常使用。这些操作均可以通过"控制面板"窗口中的相应选项进行设置。

3.1.5　实验五　资源管理器与操作系统的文件管理

【实验目的】
1. 掌握 Windows 的资源管理器的构成。
2. 掌握操作系统的文件管理方法。

【实验任务】
1. 了解资源管理器窗口，对窗口布局进行设置与调整。
2. 正确进行文件或文件夹的复制、移动、重命名等操作。

【实验内容】

右击"开始"菜单，选择"文件资源管理器"命令，打开"文件管理器"窗口，如图 3.19 所示。

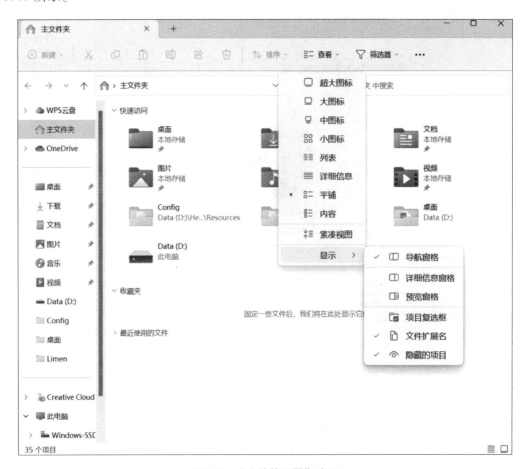

图 3.19 "文件管理器"窗口

1. 窗口设置

资源管理器的菜单栏与部分窗格可以通过常用工具栏"查看"菜单下的"显示"子菜单隐藏与恢复。

2. 文件存储结构

Windows 的文件存储是一个树形结构。根是"我的电脑"，计算机下有多个外存（盘符或卷标），外存下可创建多个文件夹，文件夹下又可创建多个文件夹……，每一个节点都可以创建多个下级节点，但上级节点只有一个。在导航窗格中，节点前有三角形▶表示该节点有下级节点，单击三角形可展开或收缩下级节点，如图 3.20 所示。

3. 文件管理

（1）定位（查找文件夹）：单击导航窗格中的树形结构，逐级展开，定位到资源所在的文件夹。

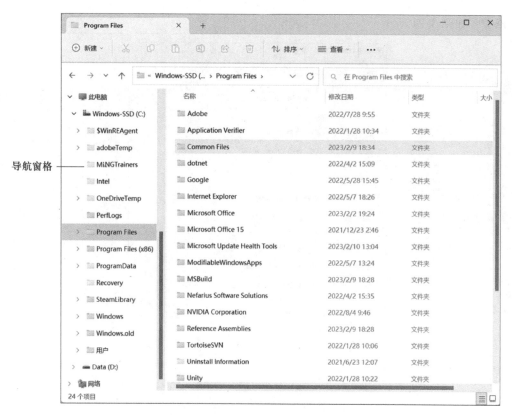

导航窗格 ————

图 3.20　Windows 文件夹的树形结构

（2）选择文件或文件夹

●　单击文件或文件夹，可选择单个文件或文件夹。

●　按住 Ctrl 键单击文件或文件夹，可选择多个文件或文件夹。

●　单击第一个文件或文件夹，按住 Shift 键再单击最后一个，可选中本次单击与上次单击之间的所有文件或文件夹。

（3）文件的复制：选中文件或文件夹，单击鼠标右键，在弹出的快捷菜单中选择"复制"命令或按快捷键 Ctrl+C，将选中的文件或文件夹复制到粘贴板中；选择目标文件夹，单击鼠标右键，在弹出的快捷菜单中选择"粘贴"命令或按快捷键 Ctrl+V，将粘贴板中内容复制当前选择位置。

（4）文件的移动：选中文件或文件夹，单击鼠标右键，在弹出的快捷菜单中选择"剪切"命令或按快捷键 Ctrl+X，将选中的文件或文件夹移动到粘贴板中；选择目标文件夹，点击鼠标右键，在弹出的快捷菜单中选择"粘贴"命令或按快捷键 Ctrl+V，将粘贴板中内容移动到当前选择位置。

（5）文件重命名：右击文件，在弹出的快捷菜单中选择"重命名"命令或按功能键 F2，输入新的文件名，即可对文件进行重命名。

（6）文件属性的更改：右击文件，在弹出的快捷菜单中选择"属性"命令，弹出"属性"对话框，在对话框中勾选"只读"或"隐藏"复选框，单击"确定"按钮，对文件属性进行修改，如图 3.21 所示。

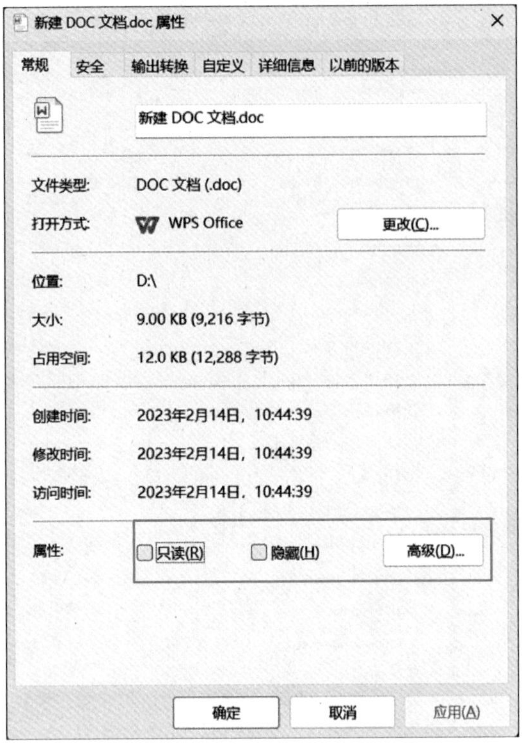

图 3.21　文件属性的设置

3.2　Windows 11 操作系统下软件的安装与运行

　　Windows 上的大部分应用软件需要先安装后使用。所谓安装，就是通过运行安装包上的安装程序（一般是 Setup. exe），将软件运行所需的应用程序、支撑文件、数据安装到指定的文件夹中，并在注册表注册，将快捷方式安装到"开始"菜单或桌面上。目前有一些小软件不需要安装，可在外存任意位置直接运行，网络上将它称为绿色软件。

3.2.1　实验六　常用软件的安装与卸载

【实验目的】
通过一款常用软件的安装了解软件的安装环境，包括许可协议、安装位置等。
【实验任务】
1. 安装一款 QQ 聊天软件。
2. 卸载 QQ 聊天软件。
【实验内容】
1. QQ 聊天软件的安装步骤

（1）打开网络浏览器，打开 QQ 下载页面。

（2）选择适合自己操作系统的 QQ 安装包进行下载，如图 3.22 所示，图中选中的是适合微机的 Windows 下的安装包。

图 3.22　适合各种操作系统的 QQ 安装包

（3）下载完成后，双击 QQ 安装包，进入软件安装窗口，如图 3.23 所示。

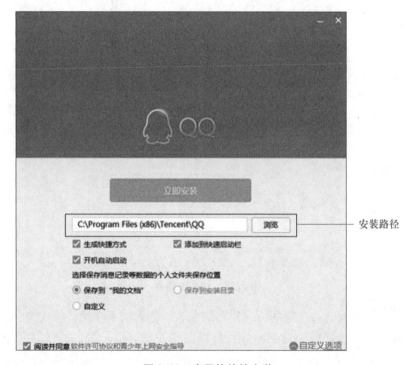

图 3.23　应用软件的安装

（4）勾选"阅读并同意"复选框（大部分软件都有"许可协议"，用户必须选择同意后，"立即安装"按钮才起作用）。

（5）设置软件安装位置。通常会有一个默认的安装路径，软件安装位置也可以通过"浏览"按钮进行改变；QQ 消息保存文件夹可勾选"自定义"复选框后再自行设定。

（6）安装位置、快捷键、消息保存位置确定后，单击"立即安装"按钮，安装过程自动完成。

（7）当安装完成后，会弹出一个安装完成窗口，单击"完成安装"按钮，该软件自动调整屏幕分辨率来适应系统分辨率，如图 3.24 所示。而有些软件要求在运行前调整系统屏幕分辨率来适应软件窗口。

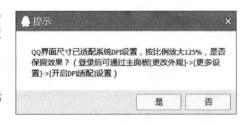

图 3.24　分辨率的自动调整

2．QQ 软件的卸载

（1）单击"开始"按钮，在"开始"菜单中选择"所有程序"命令。

（2）选择"卸载腾讯 QQ"选项，在操作向导提示下卸载软件，如图 3.25。

图 3.25　软件的卸载

注意：应用软件需要通过正确的方式进行卸载，否则无法干净地清除软件在计算机上的文件和注册表信息。没有"卸载"选项的软件可以在"控制面板"里，通过"程序"选项进行卸载，操作方法如下：

（1）单击"开始"按钮，搜索并选择"控制面板"命令，打开"控制面板"窗口，选择"程序"选项组下的"卸载程序"选项，如图 3.26 所示，进入"程序和功能"窗口。

（2）在"程序和功能"窗口中选择要卸载的应用软件，单击"卸载"或"更改"按钮，如图 3.27 所示。

图 3.26　控制面板中的"卸载程序"选项

图 3.27　软件的卸载

（3）根据窗口提示进行操作，即可正确卸载应用软件。

3.2.2　实验七　软件的兼容性

【实验目的】

通过一款常用软件的安装了解软件的环境支撑与兼容性设置方法。

【实验任务】

1. 在 Windows 11 系统下安装虚拟机软件 VMware Play 6.0.3，了解操作系统对应用软件的支持。

2. 若应用软件安装后不能使用，请设置软件的兼容性，使其能在操作系统下正常运行。

【实验内容】

1. 虚拟机软件 VMware Play 6.0.3 的安装

（1）下载 VMware Play 6.0.3 虚拟机安装包。

（2）双击 WMware Play 6.0.3 安装包，在弹出的"下一步"窗口中按提示进行设置。

● 同意许可协议。

● 确认软件安装位置。

● 是否安装帮助信息，是否允许软件联网升级。

● 是否设定开机启动，是否创建桌面快捷方式。

（3）上述设置完成后单击"下一步"按钮，弹出的窗口中有一个"安装"按钮。单击"安装"按钮，开始自动安装软件。自动安装完成后，单击"完成"按钮，完成安装。

注意：虚拟机软件有很多版本，需要考虑软件的兼容性，如果是 64 位的 Windows 11，则需要下载 VMware Play 12 进行安装；如果是 32 位的 Windows 11，则需要下载 VMware Play 6.0.3 进行安装。如果在 32 位 Windows 11 下安装 VMware Play 12，会看到无法安装的提示，如图 3.28 所示。

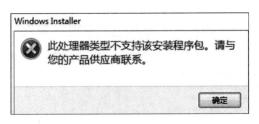

图 3.28　软件不兼容提示

2. 应用软件的兼容性设置

目前 Windows 系统有 64 位和 32 位之分，同时还有 7、8、10 版本之分。在 64 位系统下安装 32 位的应用软件时，会因软件不兼容的问题弹出提示对话框，遇到此情况，单击"忽略"或"跳过"按钮，会打开"程序兼容性助手"对话框，如图 3.29 所示，单击"使用推荐的设置重新安装"按钮，再次重装，一般能正确完成安装。但是，在使用该应用软件时，需要对其进行兼容性设置，否则无法正常使用。设置方法是：找到应用软件的"exe"文件，单击鼠标右键，在弹出的快捷菜单中选择"属性"选项，在弹出的"属性"对话框中选择"兼容性"选项卡,勾选"以兼容模式运行这个程序"复选框,同时在下拉列表中选择兼容方式,如图 3.30 所示。

图 3.29 "程序兼容性助手"对话框

图 3.30 应用软件的兼容性设置

3.3 Windows 11 操作系统下虚拟机的设置与应用

虚拟机(virtual machine)在计算机科学中的体系结构里,是指一种特殊的软件。它可以在计算机平台和终端用户之间创建一种环境,而终端用户则是基于这个软件所创建的环境来操作软件。简单来说,就是在原计算机系统(HOST)上,通过软件实现一个虚拟的计算机硬件环境,并在这个环境(Guest)上安装操作系统及其他应用软件,在虚拟机上的任何操作都不影响 HOST。

目前 Windows 平台上的虚拟机软件主要有:VMware Workstation、VMware Player、Virtual PC、VMLite、VirtualBox for Windows 等,Apple 的 Mac 平台上主要有:VirtualBox for Mac、ParallelsDesktop 等。

3.3.1 实验八 下载与安装虚拟机软件

VMware Workstation Player(原名 Player Pro)是一款精简的桌面虚拟化应用,无须重新启动计算机即可在同一计算机上运行一个或多个操作系统。VMware Workstation Player 提供精简的用户界面,可在 Windows 或 Linux PC 上的虚拟机中创建、运行和评估操作系统和应用,可以轻松地在虚拟机中和桌面上运行的应用之间交互以及交换数据。Workstation Player 支持数百种新旧客户

微视频 3-4

虚拟机软件的安装

操作系统，因此可在虚拟机中随心所欲地运行所需的应用。使用 VMware vCenter Converter 实用程序，可将现有的 Windows 和 Linux 计算机转变为虚拟机，并避免重新安装和重新配置现有的操作系统和应用，转换后，即可使用 Workstation Player 在新硬件上管理和运行转换后的所有虚拟机。

【实验目的】

通过下载和安装 VMware Workstation Player 软件，了解虚拟机软件的安装方法。

【实验任务】

下载和安装 VMware Workstation Player 软件。

【实验内容】

实验任务操作步骤如下：

（1）准备下载 VMware Workstation Player 软件。访问 VMware 官网选择"下载"菜单中的"Workstation Player"选项，如图 3.31 所示。

图 3.31 下载 VMware Workstation Player

（2）选择 VMware Workstation Player for Windows 版本下载，如图 3.32 所示。

（3）安装 VMware Workstation Player 软件，如图 3.33 所示，根据安装向导的要求单击"下一步"按钮直到完成安装。

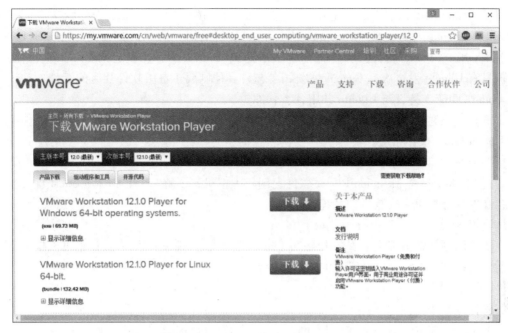

图 3.32 下载 VMware Workstation Player for Windows 版本

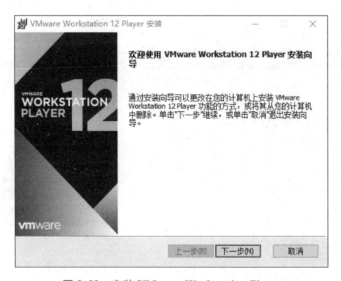

图 3.33 安装 VMware Workstation Player

3.3.2 实验九 创建新虚拟机并安装 Ubuntu Linux

Ubuntu 是一个自由、开源、基于 Debian 的 Linux 发行版，发行周期为 6 个月，由 Canonical 公司和自由软件社区开发。普通的桌面应用版可以获得 18 个月的支援，标为 LTS（长期支持版）的桌面版本可获得 3 年、服务器版本 5 年

微视频 3-5

在虚拟机中安装
Ubuntu Linux

77

的支持。Ubuntu 的默认桌面环境是 Unity，在 Ubuntu10.10 和之前的版本中的默认桌面环境是 GNOME。Kubuntu、Xubuntu 和 Lubuntu 是 Ubuntu 项目的衍生版本，其桌面环境分别是 KDE、Xfce 和 LXDE。Ubuntu 发行版和各种衍生版本同属 Canonical 公司发起的 Ubuntu 项目的一部分，但只有 Ubuntu 发行版有 Canonical 公司参与，其他则属于自由软件社区的无偿工作，但也受到 Ubuntu 团队支持，与 Ubuntu 共用各类软件包。

本节实验将通过 VMware Workstation Player 软件来创建一个虚拟机，并在创建的虚拟机上安装 UbuntuLinux 操作系统。

【实验目的】

通过在 VMware Workstation Player 软件上创建虚拟机，了解 HOST 平台与 Guest 虚拟平台的关系；掌握在虚拟机上安装操作系统的方法。

【实验任务】

在实验八创建的虚拟机上安装 Ubuntu Linux 操作系统，掌握安装方式；也可以根据自己的实际需要自行在虚拟机上安装需要的操作系统。

【实验内容】

实验任务操作步骤如下：

（1）安装前准备：在 Ubuntu 中文网站下载 Ubuntu Linux 映像文件，如图 3.34 所示。

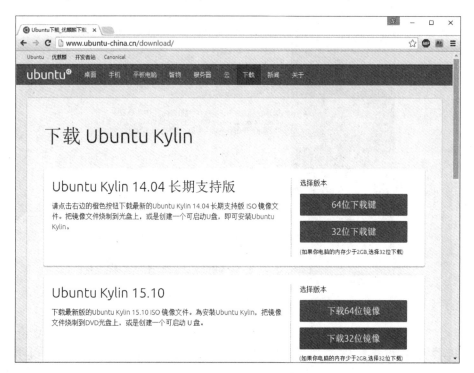

图 3.34　下载 Ubuntu 安装镜像

（2）打开 Windows 桌面上的 VMware Workstation Player 软件，单击"创建新虚拟机"链接，如图 3.35 所示。

图 3.35 创建新虚拟机

（3）在弹出的"新建虚拟机向导"对话框中选择"安装程序光盘映像文件（iso）"单选按钮，单击"浏览"按钮，添加下载的 Ubuntu Linux 映像文件，完成上述操作后单击"下一步"按钮，如图 3.36 所示。

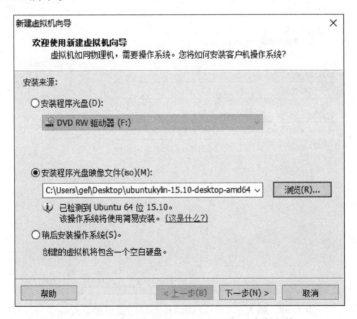

图 3.36 添加下载的 Ubuntu Linux 映像文件

（4）为安装的 Ubuntu 操作系统输入用户名和密码，单击"下一步"按钮，如图 3.37 所示。

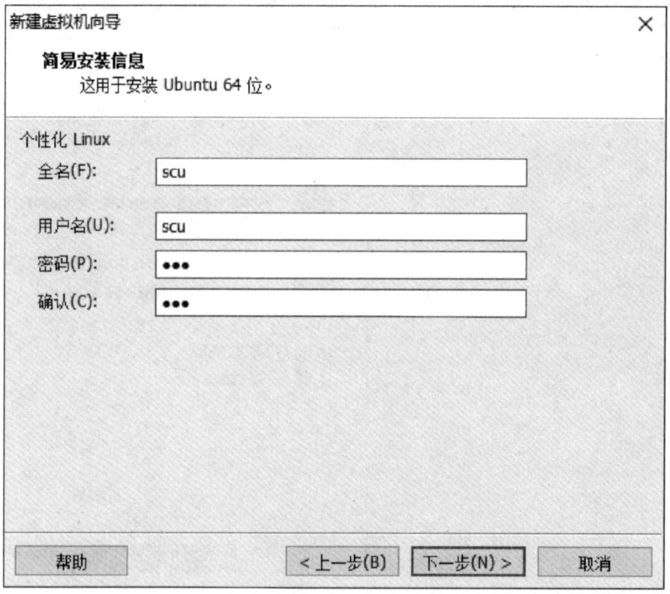

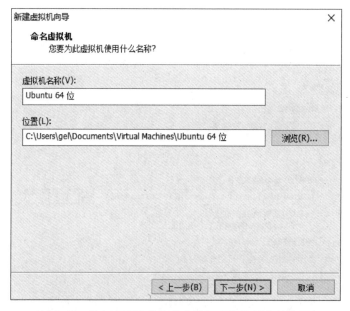

图 3.37　为安装的 **Ubuntu** 操作系统输入用户名和密码

（5）输入虚拟机的名称和选择虚拟机的存储位置后单击"下一步"按钮，如图 3.38 所示。

图 3.38　输入虚拟机的名称和选择虚拟机的存储位置

（6）为虚拟机指定磁盘容量，建议按照对话框提示进行大小设置，完成操作后单击"下一步"按钮，如图 3.39 所示。

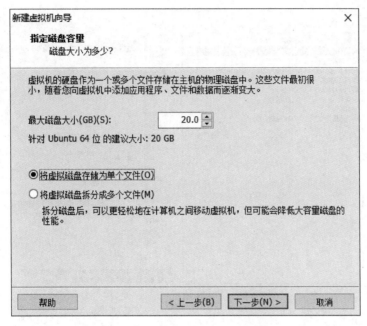

图 3.39　为虚拟机指定磁盘容量

（7）在新建虚拟机向导最后一个对话框中，单击"自定义硬件"按钮，在弹出的对话框中可以更改硬件设置，如图 3.40 所示。

图 3.40　自定义硬件设置

（8）在自定义硬件设置中可以更改虚拟机内存设置，最好按照向导的提示进行设置，如图 3.41 所示。

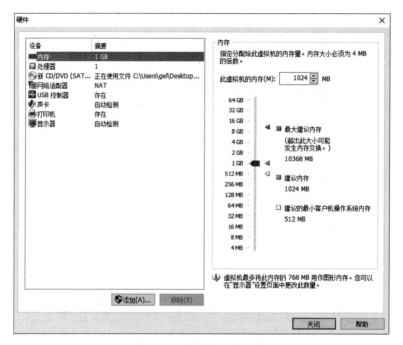

图 3.41　虚拟机内存设置

（9）在自定义硬件设置中可以更改虚拟机处理器设置，如图 3.42 所示。

图 3.42　虚拟机处理器设置

（10）在自定义硬件设置中可以更改虚拟机 CD/DVD 设置，如图 3.43 所示。

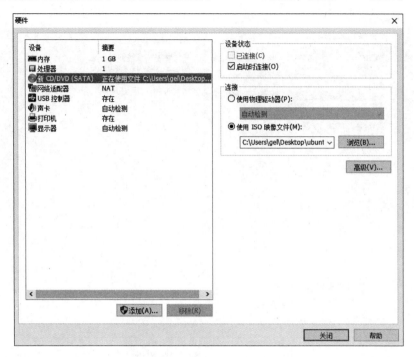

图 3.43 虚拟机 CD/DVD 设置

（11）在自定义硬件设置中可以更改虚拟机网络适配器设置，如图 3.44 所示。

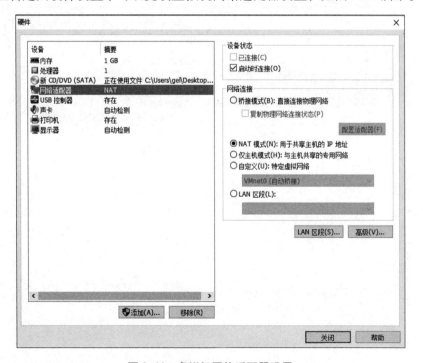

图 3.44 虚拟机网络适配器设置

（12）在自定义硬件设置中可以更改虚拟机 USB 控制器设置，如图 3.45 所示。

图 3.45　虚拟机 USB 控制器设置

（13）在自定义硬件设置中可以更改虚拟机声卡设置，如图 3.46 所示。

图 3.46　虚拟机声卡设置

（14）在自定义硬件设置中可以更改虚拟机打印机设置，如图 3.47 所示。

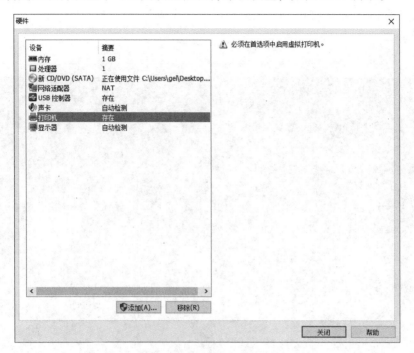

图 3.47　虚拟机打印机设置

（15）在自定义硬件设置中可以更改虚拟机显示器设置，如图 3.48 所示。

图 3.48　虚拟机显示器设置

（16）自定义硬件设置完成后，单击"关闭"按钮，回到新建虚拟机向导最后一个对话框，勾选"创建后开启此虚拟机"复选框，单击"完成"按钮，等待 Ubuntu Linux 安装完成，如图 3.49 所示。

图 3.49　Ubuntu Linux 安装过程

（17）下载并安装 VMware Tools for Linux，如图 3.50 所示。

图 3.50　下载并安装 VMware Tools for Linux

（18）Ubuntu Linux 安装完成后，可以输入用户名及密码登录系统，如图 3.51 所示。

（19）输入用户名及密码后即可进入用户桌面，如图 3.52 所示。

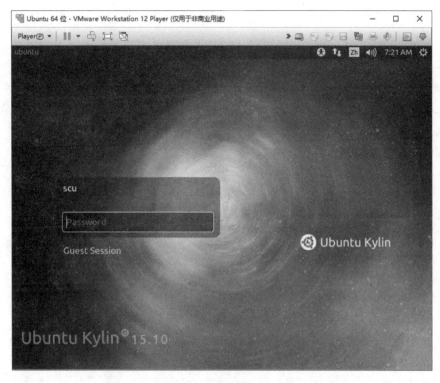

图 3.51　输入用户名及密码登录 Ubuntu 系统

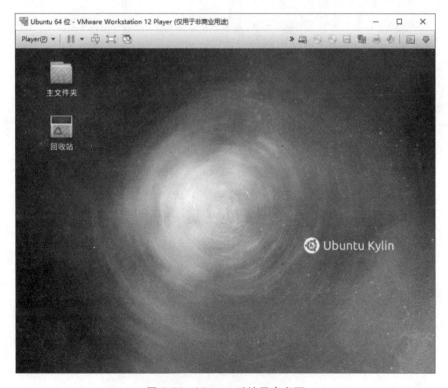

图 3.52　Ubuntu 系统用户桌面

【知识拓展】

　　虚拟机（virtual machine，VM）指通过软件模拟的具有完整硬件系统功能的、运行在一个完全隔离环境中的完整计算机系统。

　　虚拟系统是生成的现有操作系统的全新虚拟镜像，具有与真实系统完全一样的功能，进入虚拟系统后，所有操作都是在这个全新的独立的虚拟系统里面进行，用户可以独立安装运行软件，保存数据，拥有自己的独立桌面，这些操作不会对真正的系统产生任何影响，而且现有系统与虚拟镜像之间也可以进行灵活切换。

　　虚拟机的几个重要概念如下：

　　（1）虚拟机：指由 Vmware（虚拟机软件）模拟出来的一台虚拟的计算机，也即逻辑上的一台计算机。

　　（2）HOST：指物理存在的计算机，Host's OS 指 HOST 上运行的操作系统。

　　（3）Guest OS：指运行在虚拟机上的操作系统。例如，在本实验中在安装了 Windows 11 的计算机上安装了 Vmware，那么，HOST 指的是安装 Windows 11 的这台计算机，其 Host's OS 为 Windows 11。VM 上运行的是 Ubuntu Linux，那么 Ubuntu Linux 即为 Guest OS。

　　虚拟机可以给用户带来不一样操作系统的体验，它的用处在于：

　　（1）演示不同的操作系统环境，在虚拟机上可以安装各种演示环境，进行不一样的操作体验。

　　（2）保证主机的快速运行，减少不必要的垃圾安装程序，偶尔使用的程序，或者测试用的程序可以考虑安装在虚拟机上运行。

　　（3）不经常使用的，要求保密性比较好的软件，例如，银行软件、网上支付软件等，可以安装在虚拟机上，使其在单独的环境中运行。

　　（4）想测试一下不熟悉的应用软件，可以在虚拟机中随便安装和彻底删除。

　　（5）体验不同版本的操作系统，如 Linux、Mac 等。尤其是现在 Windows 版本比较繁多，64 位、32 位的操作系统同时存在，一些应用软件在某些操作系统下无法安装使用，这时我们可以考虑在现有操作系统下通过在虚拟机中安装其他版本的操作系统来解决这个不兼容的问题。

第 4 章　Mac OS 操作系统

【本章知识要点】
❶ **Mac OS** 操作系统桌面构成
❷ 系统设置方法
❸ 用户账号与 **Apple ID** 的申请与使用
❹ 应用程序的安装与更新方法
❺ 在 **Mac** 上使用 **Windows** 系统的方法

4.1　Mac OS X 图形用户界面介绍

Mac OS 是运行在苹果电脑上的操作系统，它是第一个在商用领域取得成功的图形用户界面。早在 2001 年，苹果发布的 OS X 10.0 正式版就改变了人们对计算机界面的固有印象。

4.1.1　实验一　使用 Mac 桌面

【实验目的】

熟悉 Mac 桌面的组成元素。

【实验任务】

认识桌面构成；设置在桌面上可以显示哪些项目；更改桌面背景；设置显示选项。

【实验内容】

1. 认识 Mac 桌面构成

桌面是显示文件、文件夹以及应用软件窗口的区域。OS X（苹果电脑操作系统版本 10）桌面的组成元素如图 4.1 所示，下面分别介绍这些元素。

① Apple 菜单（）：可访问"关于本机""系统设置""睡眠"和"关机"等功能。

② 应用软件菜单：包含当前所用应用软件的菜单。应用软件名称以粗体形式显示在 Apple 菜单的旁边。

③ 菜单栏：包含 Apple 菜单、活跃的应用软件菜单、状态菜单、附加菜单栏、聚焦搜索图标和通知中心图标。

④ 状态菜单：显示日期与时间、计算机的状态，或提供部分功能的快捷访问方式。例如，可以快速打开 WiFi（无线局域网）、关闭蓝牙或使计算机静音。

⑤ 聚焦搜索（Spotlight）图标：单击此图标可打开聚焦搜索栏，聚焦搜索栏可用于搜索 Mac 上的任何内容。

⑥ 通知中心图标：单击此图标可查看通知中心，其中整合了信息、日历、邮件、提醒事

图 4.1　OS X 桌面的组成元素

项以及第三方 App 的通知。

⑦ 桌面：应用软件窗口将显示在此处。用户可以使用 Mission Control（任务控制）来添加更多桌面。如果用户使用的是 Mac OS X v10.6 或更高版本，则可以使用 Spaces（控制室）。

⑧ 程序坞（Dock）：可快速访问最常用的应用软件、文件夹和文件。只需轻轻单击对应的图标，即可打开应用软件、文件夹或文件。

2. 设置桌面显示，更改桌面背景，设置显示选项

（1）选择"访达"下拉菜单中的"设置"选项，如图 4.2 所示。

图 4.2　"访达"下拉菜单

（2）单击"高级"图标，切换到"高级"选项卡，在其中可以设置"显示所有文件扩展名"及"30 天后移除废纸篓中的项目"等选项，如图 4.3 所示。

图 4.3　"高级"选项卡

（3）在桌面空白区域右击鼠标（或在笔记本电脑的触控板上用两个手指点按），在弹出的快捷菜单中选择"更改墙纸"命令，在"墙纸"窗口中可以设置不同的桌面背景，如图 4.4 所示。

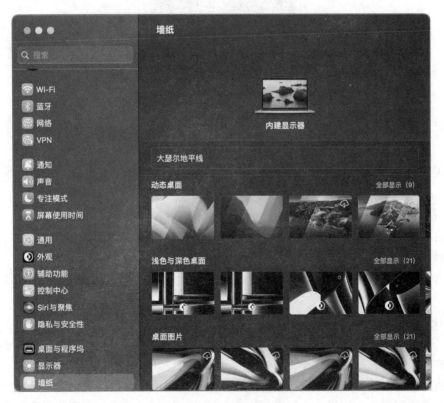

图 4.4　"墙纸"窗口

（4）在桌面空白区域单击鼠标（或在笔记本电脑的触控板上用两个手指点按），在弹出的快捷菜单中选择"查看显示选项"命令，在弹出的对话框中可以设置图标大小、网格间距、文字大小、标签位置、是否显示项目简介、是否显示图标预览和排序方式等，如图 4.5 所示。

图 4.5　桌面显示选项设置

4.1.2　实验二　认识启动台

【实验目的】

熟悉启动台的使用。

【实验任务】

通过启动台运行应用程序；调整启动台中应用程序的图标位置；通过启动台删除应用程序。

【实验内容】

启动台（Launchpad）是查找和打开应用程序最快捷的方式。通过启动台，用户可以查看、整理并轻松打开各种应用程序。

默认情况下，启动台中的项目按字母顺序排列。用户可以在启动台上通过拖动操作来按所需的顺序重新排列图标。如果一个屏幕上没有足够的空间来显示所有的应用程序，启动台会创建多个页面。启动台屏幕底部的点表示存在的应用程序页面数以及当前显示哪个页面。

实验任务的操作步骤如下：

（1）单击程序坞中的启动台图标，将出现启动台界面，如图4.6所示。

图4.6　启动台图标

（2）单击启动台界面中的应用程序图标，启动应用程序。

（3）点按启动台界面中的应用程序图标，当图标开始晃动时，单击应用程序图标上的删除按钮，即可删除应用程序。

4.1.3　实验三　认识程序坞

程序坞（Dock）列出了可快速访问的最常用应用软件、文件夹和文件。其中的堆栈（Stack）是一种程序坞项目，用于快速访问文件或文件夹。当点按某个堆栈时，其中的文件和文件夹会从程序坞中以扇形或网格形式弹出。可以右键点按程序坞中的堆栈图标来更改堆栈的显示方式。

【实验目的】

熟悉程序坞的使用方法。

【实验任务】

将应用程序图标固定到程序坞或从程序坞中移除。将文档或文件夹固定到堆栈或从堆栈中移除。

【实验内容】

（1）单击程序坞中的启动台图标。

（2）在启动台界面中，将希望固定的应用程序图标拖动至程序坞，如将"信息"应用程序图标拖动至程序坞固定，如图 4.7 所示。

图 4.7　将应用程序图标拖动至程序坞固定

（3）将希望移除的程序图标从程序坞中拖离，当图标上出现"移除"字样时松开。

（4）选中希望固定到堆栈的文档或文件夹，拖动至堆栈，如将"应用程序"文件夹图标拖动至堆栈固定，如图 4.8 所示。

图 4.8　将文档或文件夹拖动至堆栈固定

（5）将希望移除的文档或文件夹从堆栈中拖离，当图标上出现"移除"字样时松开。

4.2 系统偏好设置

"系统偏好设置"可以控制系统范围的设置（"全局"设置），可从屏幕左上角的 Apple 菜单中进行访问。用户可以在"系统偏好设置"中调整诸如显示器分辨率、键盘控制、鼠标控制、声音、打印机、共享、账户等设置。"系统偏好设置"类似于 Windows 的控制面板。

4.2.1 实验四 桌面与程序坞设置

【实验目的】
熟悉桌面与程序坞的设置方法。
【实验任务】
设置程序坞的大小、放大效果以及屏幕位置；设置最小化窗口时使用的动画效果；设置触发角功能。
【实验内容】
（1）选择 Apple 菜单中的"系统偏好设置"命令。
（2）在"系统偏好设置"窗口中单击"桌面与程序坞"图标。
（3）在"桌面与程序坞"窗口中，可以设置程序坞的大小、放大效果、屏幕位置、最小化窗口时使用的动画效果等，如图 4.9 所示。

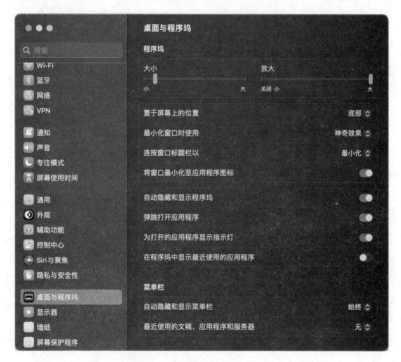

图 4.9 "桌面与程序坞"窗口

（4）移动鼠标光标到设置窗口页面的底部，单击"触发角"按钮，可以设置当光标触碰屏幕 4 个角时触发的行为等，如图 4.10 所示。

图 4.10　触发角设置

4.2.2　实验五　隐私与安全性设置

【实验目的】
熟悉隐私与安全性的设置方法。

【实验任务】
设置登录密码的使用；设置允许运行的应用程序来源；设置 FileVault；设置防火墙；设置隐私。

【实验内容】
（1）在"系统偏好设置"窗口中单击"隐私与安全性"，如图 4.11 所示。

（2）在"隐私"选项卡中，可以设置定位服务以及通信录、日历等应用的隐私。例如，"定位服务"可以设置允许哪些应用和网站收集和使用基于计算机当前位置的信息。

（3）在"安全性"选项卡中，设置运行程序的允许来源。

（4）打开"文件保险箱"功能，可以通过加密来保护磁盘数据，但是加解密通常会造成数据读写性能的大幅下降。另外还需注意，如果忘记登录密码则会无法解密数据。

图 4.11 "隐私与安全性"窗口

4.2.3 实验六 聚焦搜索设置

【实验目的】

熟悉聚焦搜索（Spotlight）的设置方法。

【实验任务】

设置允许出现在聚焦搜索结果中的类别；设置不允许聚焦搜索的文件夹或磁盘。

【实验内容】

（1）在"系统偏好设置"窗口中单击"Siri 与聚焦"图标，打开 Siri 与聚焦"窗口，如图 4.12 所示。

（2）在"搜索结果"列表中设置允许出现在聚焦搜索结果中的类别。

（3）单击"聚焦隐私"按钮，设置不允许聚焦搜索的文件夹或磁盘。

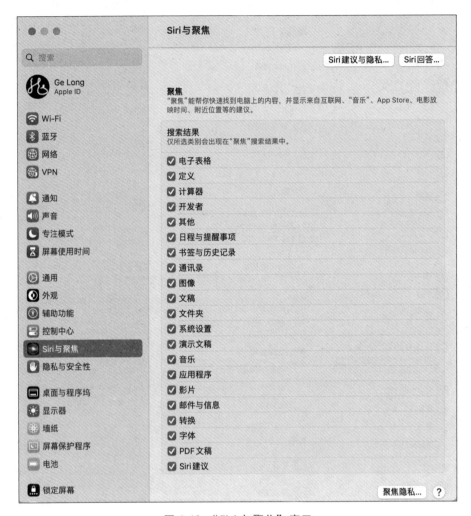

图 4.12 "Siri 与聚焦" 窗口

4.2.4 实验七 通知设置

【实验目的】

熟悉通知的设置方法。

【实验任务】

设置通知中心的显示预览。设置通知允许。设置应用程序的通知样式。

【实验内容】

（1）在"系统偏好设置"窗口中单击"通知"图标，打开"通知"窗口，如图 4.13 所示。

（2）在"通知"窗口中，设置通知中心的显示预览、通知允许和应用程序的通知样式等。

图 4.13　"通知"窗口

4.2.5　实验八　触控板设置

【实验目的】

熟悉触控板的设置方法。

【实验任务】

设置触控板的光标与点按功能；设置触控板的滚动缩放功能；设置触控板的更多手势功能。

【实验内容】

（1）在"系统偏好设置"窗口中单击"触控板"图标，打开"触控板"窗口，如图 4.14 所示。

（2）切换到"光标与点按"选项卡，设置触控板的点按功能。

（3）切换到"滚动缩放"选项卡，设置触控板的滚动、缩放和旋转功能。

（4）切换到"更多手势"选项卡，设置触控板的更多手势功能。

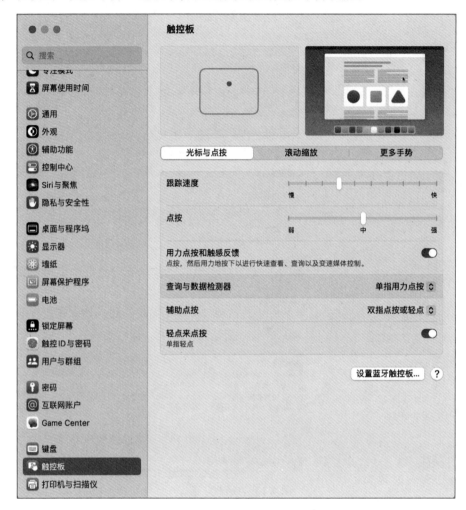

图 4.14 "触控板"窗口

4.2.6 实验九 打印机与扫描仪设置

【实验目的】

熟悉打印机与扫描仪的设置方法。

【实验任务】

添加打印机或扫描仪；为已添加的打印机设置网络共享。

【实验内容】

（1）在"系统偏好设置"中单击"打印机与扫描仪"图标，打开"打印机与扫描仪"窗口，如图 4.15 所示。

（2）单击窗口左下角的"+"按钮，可以为系统添加新的打印机或扫描仪设备；选择已添加的打印机或扫描仪设备，单击"打开共享设置"按钮，可以在网络上共享选中的打印机。

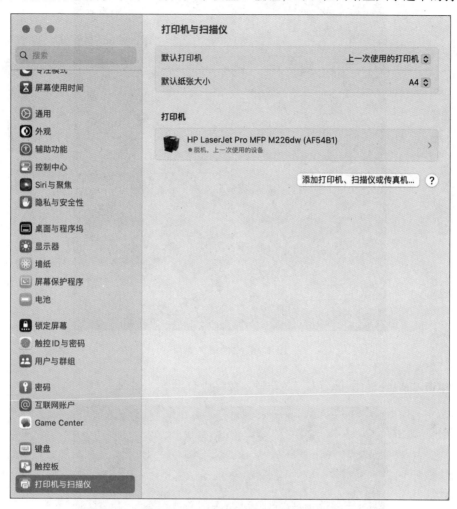

图 4.15 "打印机与扫描仪"窗口

4.2.7 实验十 网络设置

【实验目的】
熟悉网络的设置方法。

【实验任务】
为网络接口进行高级设置。

【实验内容】
（1）在"系统偏好设置"中单击"网络"图标，打开"网络"窗口，如图 4.16 所示。
（2）在"网络"窗口中，单击左下角的"…"按钮，可以添加新的网络服务等配置；在列表中选择一个连接的网络接口，可以为选中的接口进行网络设置。

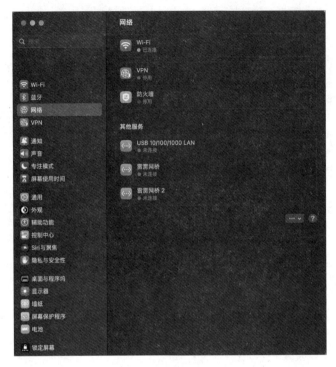

图 4.16 "网络"窗口

（3）单击"Wi-Fi"图标，对"Wi-Fi"接口进行设置，如图 4.17 所示。

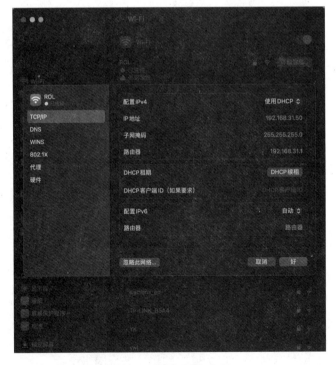

图 4.17 "Wi-Fi"窗口

（4）选择"TCP/IP"选项，对接口进行 TCP/IP 设置。

（5）选择"DNS"选项，对接口进行 DNS 设置。

4.2.8　实验十一　时间机器设置

【实验目的】

熟悉时间机器（Time Machine）的设置方法。

【实验任务】

打开 Time Machine 功能；选择备份磁盘；设置 Time Machine 选项。

【实验内容】

（1）在"系统偏好设置"中单击"通用"图标，然后选择"时间机器"选项，打开"时间机器"窗口，如图 4.18 所示。

（2）单击"+"按钮，选择备份磁盘。

（3）单击"选项…"按钮，可以设置不需要备份的磁盘或文件夹及备份频率等。

图 4.18　"时间机器"窗口

4.3 用户账户与 Apple ID

每个经常使用 Mac 系统的用户都应该设定一个用户账户。如果希望通过网络使用 Apple 的各种服务，Mac 系统用户还应该申请一个互联网账户。

Apple ID 账户用于访问 Apple 服务（如 App Store、Apple Music、iCloud、iMessage、Face-Time 等）。一个 Apple ID 就能访问所有的 Apple 服务。如果创建多个 Apple ID，通常无法将旧的 Apple ID 中的数据或购买项目移到新的 Apple ID 名下。

可以通过访问 Apple ID 网站来创建 Apple ID，也可以在设置新设备或首次登录到 App Store、iTunes 或 iCloud 时创建。本节实验中使用通过访问 Apple ID 网站的方式来创建。

4.3.1 实验十二 用户与群组管理

【实验目的】
熟悉用户与群组的管理方法。
【实验任务】
新建用户；设置登录选项；启用客人用户。
【实验内容】
（1）在"系统偏好设置"中单击"用户与群组"图标，打开"用户与群组"窗口，如图 4.19 所示。

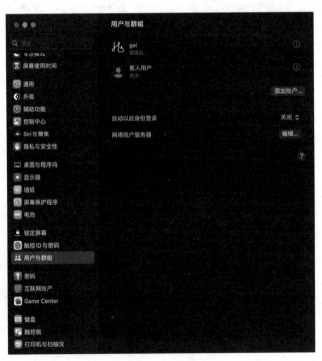

图 4.19 "用户与群组"窗口

（2）单击"添加账户"按钮，可以添加新的用户或群组。

（3）在对话框中选择新账户类型，输入全名、账户名称、密码等信息，单击"创建用户"按钮即可添加新的用户或群组。

（4）单击"客人用户"，可以设置开启客人用户和启用家长控制等。

4.3.2　实验十三　创建 Apple ID

【实验目的】

熟悉 Apple ID 的创建方法。

【实验任务】

创建 Apple ID。

【实验内容】

（1）单击程序坞中的 Safari 浏览器图标，访问 Apple ID 网站，如图 4.20 所示。

（2）单击"创建你的 Apple ID"按钮。

（3）在创建 Apple ID 页面，输入用户的电子邮件（此电子邮件地址即成为 Apple ID）、密码和验证码等信息。

（4）进入设为 Apple ID 的邮箱，找到苹果公司发送的验证邮件，单击邮件中的验证链接，完成注册。

图 4.20　Apple ID 网站首页

4.3.3 实验十四 iCloud 设置

【实验目的】

熟悉 iCloud 的设置方法。

【实验任务】

设置 iCloud 功能。

【实验内容】

iCloud 可以连接苹果用户的各个 Apple 设备，以确保苹果用户能在所有设备上获得重要内容，如获取照片、文稿、通信录、音乐等。苹果用户还能利用 iCloud 轻松地和朋友及家人共享照片和视频，甚至还能查找丢失的设备，并能以无线方式备份 iPhone、iPad 或 iPod touch 等设备。

iCloud 照片图库可存储用户拍摄的照片和视频，让用户能通过 iPhone、iPad、iPod touch、Mac 或 PC 以及 iCloud.com 随时存取。借助 iCloud 照片共享功能，用户可以轻松将指定的照片和视频分享给指定的人。邀请亲朋好友加入，然后他们就能添加自己的照片、视频和评论。

iCloud Drive 可以让用户在 iCloud 上安全存储文档，并可从 iPhone、iPad、iPod touch、Mac 甚至 PC 上进行访问。这些文档全都集中于一处，方便用户取用。

家人共享可以提供最多 6 位家庭成员同时共享已下载的图书和在 App Store 已购买的内容、家庭照片、日历等。

iCloud 提供查找我的 iPhone、iPad 或 Mac 功能，一旦有 Apple 设备遗失，只需登录 iCloud.com，或使用"查找我的 iPhone"这款 App，即可在地图上看到遗失的 iPhone、iPad、iPod touch 或 Mac。凭借丢失模式功能，不仅能看到设备的当前位置，还能追踪它过去的移动轨迹，这样就能确定一种理想的应对方法。你可以立即锁定设备并发出一条包含联系电话的信息，拾到设备的人看到信息后，可以直接在锁定屏幕上呼叫你，而无法访问设备上的其他信息。只要开启"查找我的 iPhone"功能，激活锁就立即开始工作。要抹掉你的设备或者重新激活设备，都需要使用你的 Apple ID 和密码。这样即使你的设备已不慎落入他人之手，也会尽可能确保你的设备安全。

设备接通电源并连接到无线网络的情况下，iCloud 会每天自动备份信息，而无须进行任何操作。用户可以使用备份内容来还原设备或设置新的设备

iCloud 钥匙串可以为用户保存账户名、密码和信用卡的卡号。用户可以在 iPhone 上开始浏览网页，然后使用 Mac 或 iPad 从上次停下的地方继续浏览，反之亦然。而且用户不再需要为记住网站或 App 的所有密码而苦恼伤神。

实验任务操作步骤如下：

（1）在"系统偏好设置"中单击"互联网账户"图标，再选择"iCloud"选项，打开"iCloud"窗口，如图 4.21 所示。

（2）在"iCloud"窗口中，设置 iCloud 各种功能的开启及选项等。

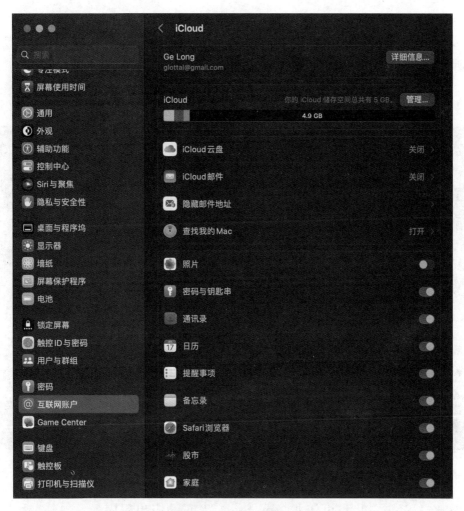

图 4.21　"iCloud"窗口

（3）必要时，用户可以通过浏览器登录 iCloud.com 设置和使用 iCloud 的各种功能。

4.4　应用程序安装与更新

4.4.1　实验十五　安装与更新通过 App Store 发布的应用程序

【实验目的】
熟悉安装与更新通过 App Store 发布的应用程序的方法。
【实验任务】
通过 App Store 安装应用程序；通过 App Store 更新应用程序。

【实验内容】

（1）单击程序坞中的 App Store 图标，在 App Store 中浏览或搜索需要安装的应用，如图 4.22 所示。

（2）单击应用图标旁边的"获取"按钮，安装所选择的应用程序。

（3）当安装的应用程序有更新时，可以通过更新页面将应用程序升级至最新的版本。

图 4.22　App Store 窗口

4.4.2　实验十六　安装与更新非 App Store 发布的应用程序

【实验目的】

熟悉安装与更新非 App Store 发布的应用程序的方法。

【实验任务】

通过浏览器下载软件安装包方式安装应用程序；通过自动更新方式更新应用程序；通过覆盖安装方式更新应用程序。

【实验内容】

（1）在浏览器中通过搜索引擎搜索想要安装的应用程序信息。

（2）下载应用程序安装文件，如在 Zotero 网站下载页面单击"Download"按钮下载安装文件，如图 4.23 所示。

（3）下载的文件通常是 DMG 压缩镜像文件，打开后会在桌面生成一个镜像磁盘。

（4）打开镜像磁盘，单击安装程序图标即可安装应用程序。

（5）大多数 Mac 应用程序不需要安装，只要将程序拖动至"应用程序"文件夹即可。

（6）下载的文件有时会是 zip 等压缩文件，解压后会看见应用程序文件。

（7）将解压的应用程序文件拖动至"应用程序"文件夹即可。

（8）通过设置应用程序自动更新，或通过下载新版本的文件覆盖安装来更新应用程序。

图 4.23　下载应用程序安装文件

4.4.3　实验十七　删除应用程序

【实验目的】

熟悉应用程序的删除方法。

【实验任务】

通过启动台或应用程序文件夹删除应用程序。

【实验内容】

（1）通过点按启动台中的应用程序图标，当图标开始晃动时单击"删除"按钮来删除。

（2）通过在"应用程序"文件夹中直接删除应用程序文件来删除，如图4.24所示。

图 4.24　通过应用程序文件夹删除应用程序

4.5　在 Mac 中使用 Windows 系统

Mac 电脑安装 Windows 系统通常有两种办法：第一种是使用 Boot Camp 来安装；第二种是使用虚拟软件来安装，如通过 VMware Fusion 或 Parallels Desktop 等来实现。

使用 Boot Camp 安装 Windows，会将 Windows 系统直接安装在 Mac 设备上，此时可以获得最好的性能，不过，这种安装方式意味着无法同时使用 OS X 系统和 Windows 系统，用户需要通过"启动磁盘"的设置来决定启动到哪一种操作系统。

使用虚拟软件安装 Windows，可以让我们直接在 OS X 中运行 Windows 操作系统，用户可以同时使用 OS X 和 Windows，但安装在虚拟软件上的 Windows 系统性能不如直接安装在 Mac 设备上的性能好。

4.5.1　实验十八　使用启动转换助理安装 Windows

启动转换助理（Boot Camp）是 Mac OS X 附带的软件，可以让基于 Intel CPU 的 Mac 运行 Microsoft Windows 的兼容版本。

【实验目的】

熟悉通过启动转换助理安装 Windows 的过程。

【实验任务】

通过启动转换助理安装 Windows；设置启动磁盘。

【实验内容】

（1）准备好一个容量至少为 8 GB 的 U 盘，并下载 Windows 原版镜像（可以在微软官方网站下载）。然后从"应用程序"文件夹的"实用工具"文件夹打开"启动转换助理"软件，如图 4.25 所示。

图 4.25　"实用工具"文件夹

（2）在启动转换助理向导中按照提示，插入 U 盘，选择下载好的 Windows 镜像文件，继续安装。

（3）等待安装盘制作过程结束，在分区界面拖动中间的小圆点来调节 OS X 和 Windows 分区的大小，或直接单击"均等分割"按钮来平分两个分区，然后单击"安装"按钮。

（4）启动转换助理会开始分区，并在分区完成后自动重新启动计算机。

（5）从 U 盘启动以后，即会出现 Windows 的安装界面。请根据 Windows 的安装提示进行安装，直至启动进入 Windows 系统。

（6）在 Windows 中打开准备好的 U 盘，进入 BootCamp 文件夹，双击"setup"文件使用 Boot Camp 安装程序。

（7）等待 Boot Camp 驱动程序安装完毕后即可正常使用 Windows 系统。

4.5.2　实验十九　使用 Mac 虚拟机管理软件安装 Windows

虚拟机是指通过软件模拟的具有完整硬件系统功能的、运行在一个完全隔离环境中的完整计算机系统。Mac 电脑上常见的虚拟机管理软件主要有免费的 VirtualBox 和收费的 VMware Fusion、Parallels Desktop 等。本节将以 VMware Fusion 为例安装和管理虚拟机。

【实验目的】

熟悉通过虚拟机管理软件安装 Windows 的过程。

【实验任务】

通过虚拟机管理软件安装 Windows；打开与关闭虚拟机操作系统。

【实验内容】

（1）在 Mac 电脑上下载安装 VMware Fusion 软件，并下载 Windows 原版镜像（可以在微软官方网站下载）。然后打开 VMware Fusion 软件，单击"添加新的虚拟机"按钮，会提示选择安装方法，选择从光盘或映像安装，如图 4.26 所示。

图 4.26　选择新虚拟机的安装方法

（2）将下载的 Windows 镜像文件拖移到安装界面。

（3）单击"继续"按钮，创建新的虚拟机。

（4）选择所安装 Windows 的版本。

（5）选择集成级别，以决定是否直接与虚拟机系统共享 Mac 下的文件与应用程序。

（6）完成配置，开始 Windows 的安装。

（7）在 Windows 安装完成后安装 VMware Tools，如图 4.27 所示，即可正常使用 Windows 系统。

图 4. 27　安装 VMware Tools 软件

第 5 章　Word 应用实验

【本章知识要点】
❶ Word 2016 的窗口组成
❷ Word 2016 文档编辑的正确步骤
❸ 文档的基本操作：文档的新建、保存、打开与关闭
❹ 文档的编辑：文本的选择、查找、替换与定位
❺ 文档的排版：文字格式的排版、段落格式的排版
❻ 页面设置
❼ 文档的分栏与首字下沉
❽ 图片和艺术字的使用
❾ 脚注和尾注的插入
❿ 页眉和页脚的设置
⓫ 封面和目录的排版
⓬ 邮件合并
⓭ 表格的处理

5.1　Word 2016 简介

Microsoft Word 升级到 Word 2016，主界面相较于之前的变化并不大，对于用户来说都非常熟悉，而功能区上的图标和文字与整体的风格更加协调，同时将扁平化的设计进一步加重。在 Word 2016 中，微软带来了 Clippy 的升级版——Tell Me。Tell Me 是全新的 Office 助手，它就是主界面右侧新增的输入框。

5.1.1　实验一　Word 2016 窗口组成

【实验目的】
1. 了解 Word 2016 的窗口组成。
2. 掌握 Word 2016 功能区的使用。
【实验任务】
认识 Word 2016 窗口及功能区的构成，如图 5.1 所示。
【实验内容】
在 Word 2016 窗口上方看起来像菜单的名称其实是功能区的名称，当单击这些名称时并不

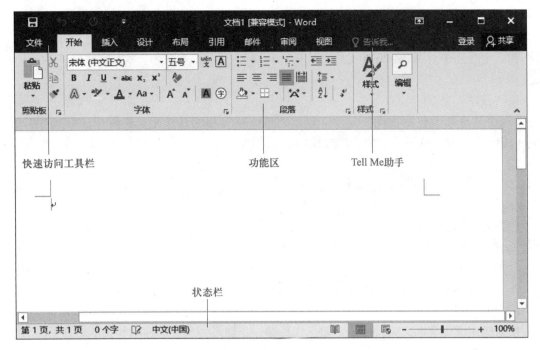

图 5.1　Word 2016 窗口构成

会打开菜单，而是切换到与之相对应的功能区面板。每个功能区根据功能的不同又分为若干个组，每个功能区所拥有的功能如下：

1.“开始”选项卡

“开始”选项卡中包括剪贴板、字体、段落、样式和编辑 5 个组。该功能区主要用于帮助用户对 Word 2016 文档进行文字编辑和格式设置，是用户最常用的功能区。

2.“插入”选项卡

“插入”选项卡包括页面、表格、插图、加载项、媒体、链接、批注、页眉和页脚、文本、符号几个组，主要用于在 Word 2016 文档中插入各种元素。

3.“设计”选项卡

“设计”选项卡包括主题、文档格式、页面背景几个组，它可以为文档设计主题、更改页面背景。

4.“布局”选项卡

“布局”选项卡包括页面设置、稿纸、段落、排列几个组，用于帮助用户设置 Word 2016 文档页面样式。

5.“引用”选项卡

“引用”选项卡包括目录、脚注、引文与书目、题注、索引和引文目录几个组，用于实现在 Word 2016 文档中插入目录等比较高级的功能。

6.“邮件”选项卡

“邮件”选项卡包括创建、开始邮件合并、编写和插入域、预览结果和完成几个组，该功能区的作用比较专一，专门用于在 Word 2016 文档中进行邮件合并方面的操作。

7. "审阅"选项卡

"审阅"选项卡包括校对、见解、语言、中文简繁转换、批注、修订、更改、比较和保护几个组，主要用于对 Word 2016 文档进行校对和修订等操作，适用于多人协作处理 Word 2016 长文档。

8. "视图"选项卡

"视图"选项卡包括视图、显示、显示比例、窗口和宏几个组，主要用于帮助用户设置 Word 2016 操作窗口的视图类型，以方便操作。

5.1.2 实验二 文档排版基本操作要求

【实验目的】

1. 掌握文档排版的一般操作步骤。

2. 掌握文档排版的基本原则。

3. 掌握文本输入的常用技巧和文本选定的方式。

【实验任务】

根据操作流程掌握文档排版的一般操作步骤，正确进行文字的输入和文本的选定。

【实验内容】

1. 制作一个 Word 文档

通常有以下步骤：

（1）创建或打开一个 Word 文档。

（2）输入文本。

（3）编辑文档（文字的查找与替换，拼写与语法检查等）。

（4）文档排版（文字格式的排版，段落格式的排版，页面设置等）。

（5）保存文档。

2. 文本输入的常用技巧

（1）在各行结尾处不要按 Enter（回车）键，只有当一个段落结束时才可按 Enter 键，即按 Enter 另起一个段落，删掉两段之间的 Enter 键则将两段合并成一个段落。

（2）输入文本时，不要用空格键去对齐文本，在排版时，可采用文本缩进方式对齐。

（3）按 Delete 键删除插入点右侧的字符，按 Backspace 键删除插入点左侧的字符。

（4）按 Ctrl+空格键可进行中英文输入法之间的切换。

（5）按 Ctrl+Shift 键可进行中文输入法之间的切换。

3. 特殊符号的输入

（1）单击"插入"选项卡→"符号"选项组→"符号"按钮，在弹出的快捷菜单中选择需要的符号进行插入。

（2）右击输入法软键盘标识，在软键盘中选择需要的符号进行输入。

4. 选定文本

"先选定，后操作"是文档编辑与排版的基本要求，利用鼠标和键盘的组合方式，可以实现文本的选定操作，如表 5.1 所示。

表 5.1 选 定 文 本

选定文本	操 作 方 法
一个词	双击要选定的词
一个句子	按住 Ctrl 键，单击句子中的任意位置
一个段落	将鼠标指针移到段落任意位置，三击左键 将鼠标指针移到段落左侧的文本选定区（指针形状为↗），双击左键
一行	将鼠标指针移到该行左侧的文本选定区，单击左键
连续多行	在文本选定区中，将鼠标指针从所选区域的行首拖到行尾 将光标定位在选定文本的开头，按住 Shift 键单击选定文本的末尾
矩形区域	将鼠标指针指向文本的左上角，按住 Alt 键并拖曳鼠标到右下角
全文	将鼠标指针指向文本选定区的任意位置，三击左键 按 Ctrl+A 键 单击"开始"选项卡→"编辑"选项组→"选择"按钮，在弹出的下拉列表中选择"全选"命令

5.2 Word 2016 的基本应用

Word 2016 的基本应用包括文档的创建与保存、文档的编辑、文字与段落格式的排版以及页面布局等。基本应用是 Word 2016 文字处理最基础的部分，必须熟练掌握。

5.2.1 实验三 文档的创建与保存

【实验目的】

1. 掌握文档创建的一般方法。

2. 掌握文档保存的一般方法。

3. 掌握 Word 文档保存的常用格式，如 docx、doc、pdf、txt 等。

【实验任务】

1. 创建 Word 新文档，输入文本内容。

2. 以"w1. docx"为文件名保存新文档后关闭文档。

【实验内容】

1. 实验任务 1 操作步骤

（1）选择 Windows 的"开始"菜单→"所有程序"选项组→"Word 2016"命令，启动 Word 后，自动创建一个名为"文档 1"的新文档。

（2）单击任务栏上"输入法指示器"按钮，打开输入法菜单，选择一种中文输入法。

（3）输入如下文本内容（段首不要输入空格，段落结束时按 Enter 键）。

醉在银杏灿烂时

成都的秋天不同于中国任何一个地方。广东的秋是湖蓝色的，在咸咸的海风中流淌着

秋的气息。甘肃的秋是灰蒙蒙的，在浑浊的空气中有丝丝秋的意味。内蒙古的秋是白色的，在白桦树的掩映下，有着秋的痕迹。

成都的秋是金黄的，是我们所想象的那样。如果你有空，可以来川大的小路上散散步，那里的银杏叶落了一地，形成了满道金黄。在行走途中，甚至可以感受到，自己所呼吸到的每一口空气，都弥漫着秋的气息。

望江校区的秋，满眼的金黄，让这个秋天充满了喜悦与热闹。文华大道两旁的银杏树一直延伸到望江校区南大门。树叶黄时，放眼望去蔚为壮观。绿杨路边的银杏树高大密实，枝叶茂盛，路边的草坪芳草萋萋，兼有多种绿色植物，景观层次错落。化学馆前的两棵银杏古树与化学馆融为一体，红墙金叶，景色瑰丽。

江安校区的秋，最美的季节。银杏树随着景观水道始于江安校区的东门，横穿明远大道。水道两旁除了两排整齐的银杏树外，还有镌刻着川大百年校史和群贤英才的纪念碑。银杏黄时，浅水微澜，落叶缤纷，犹如在为灿若星河的百年校史赞歌。江安校区的环校路，两旁栽满了银杏，堪称川大最长的银杏大道了，漫步其间，能够感受盎然的诗意。教学楼宇之间种植着几排银杏，不管是课间，还是自习小憩，看着窗外一片金黄，还有现代化的教学楼和川流不息的青春，画面美不胜收。

华西校区的秋，壮观的金黄，像是时光的隧道，有着强烈的历史感。校中路和校西路两旁有很多古香古色的华西坝老建筑，与金黄灿烂的银杏交相辉映，甚是赏心悦目，堪称川大最有历史感的银杏大道。月荷池边几株银杏枝繁叶茂，微风吹皱满池秋水时，一树金黄洒落水面，遥望过去，犹如一位金发美女在池边顾影自怜，煞是好看。

如果届时你也在川大感受着美丽的秋，那么请你拍下眼前的银杏美景。你与川大秋日的邂逅，才是这个秋日最美、最独特的风景。

2. 实验任务 2 操作步骤

（1）单击"文件"选项卡→"保存"命令，弹出"另存为"对话框。

（2）单击"浏览"按钮，在弹出的对话框中选择 D 盘，在 D 盘中创建一个名为"Word"的文件夹，双击打开。

（3）在"保存类型"下拉式列表框中选择文件类型为"Word 文档"。

（4）在"文件名"文本框中输入保存文件名为"w1"，如图 5.2 所示。

（5）单击"保存"按钮，关闭"另存为"对话框。

（6）单击"文件"选项卡→"关闭"命令，退出 Word 2016。

【知识拓展】

常用的文档保存类型如下：

1. docx：Word 2016 默认的文档格式。

2. doc：Word 97~2003 文档格式。

3. txt：纯文本，在将 Word 2016 文档保存为 txt 文件时，会丢失一切格式设置。

4. pdf：可移植文档格式，由 Adobe Systems Inc. 开发的基于 PostScipt 的电子文件格式，其中保留文档格式并支持文件共享。

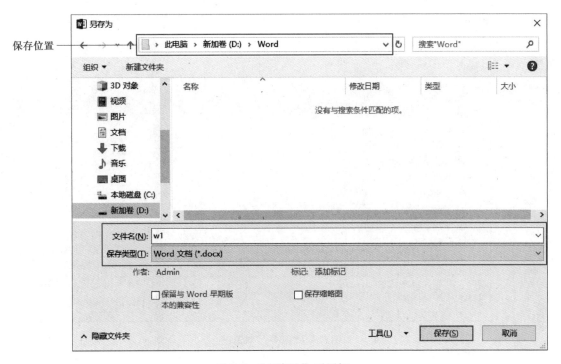

图 5.2 "另存为"对话框

5.2.2 实验四 文档的编辑

【实验目的】

1. 掌握文档复制和移动的一般方法。

2. 掌握查找、替换和定位的使用方法。

【实验任务】

1. 打开"w1.docx",将文档的第 4 段（江安校区的秋……）和第五段（华西校区的秋……）交换位置。

2. 将文档中的文字"川大"替换为"四川大学"。

【实验内容】

1. 实验任务 1 操作步骤

微视频 5-1

文本的移动

（1）单击"文件"菜单→"打开"命令，弹出"打开"对话框。

（2）单击"浏览"按钮，在弹出的对话框中选择 D:\Word 文件夹。

（3）在"文件类型"下拉式列表框中选择文件类型为"Word 文档"。

（4）单击"w1.docx"文件名，单击"打开"按钮（或直接双击文件名"w1.docx"），如图 5.3 所示。

（5）选中第 4 段，将鼠标指针指向选定区域，按住鼠标左键将第 4 段拖曳到第 5 段的末尾即可。

查找范围 ———

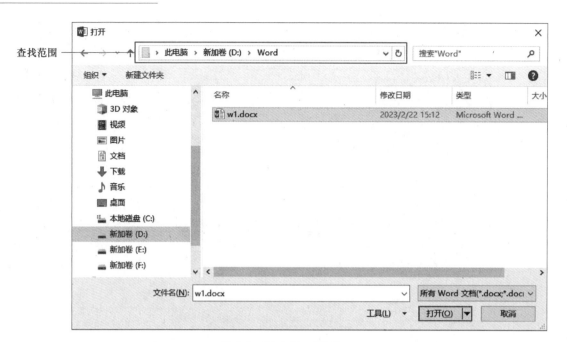

图 5.3 "打开"对话框

微视频 5-2

文本的查找与替换

2. 实验任务 2 操作步骤

（1）将鼠标光标定位在第一段开头。

（2）单击"开始"选项卡→"编辑"选项组→"替换"按钮，弹出"查找和替换"对话框，在对话框中选择"替换"选项卡。

（3）在"查找内容"文本框中输入"川大"二字；在"替换为"文本框中输入"四川大学"。

（4）单击"替换"按钮（或"全部替换"按钮），完成替换后关闭对话框，如图5.4所示。

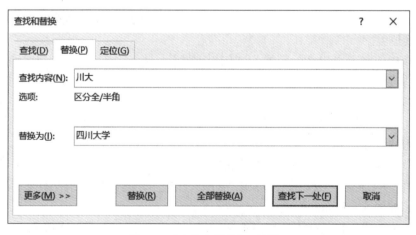

图 5.4 "查找和替换"对话框

【知识拓展】

1. 移动文本的 3 种方法

（1）选定文本，单击"开始"选项卡→"剪贴板"选项组→"剪切"按钮，将插入点定位动目标处，单击"开始"选项卡→"剪贴板"选项组→"粘贴"按钮。

（2）选定文本，将鼠标指针指向已选定文本，按住鼠标左键将文本拖曳到移动目标处。

（3）选定文本，按 Ctrl+X 键，然后将插入点定位到目标处，按 Ctrl+V 键。

2. 文本带格式的替换

例如，将 w1.docx 文档中的"四川大学"全部加着重号。

操作步骤如下：

（1）将鼠标光标定位在第一段开头，单击"开始"选项卡→"编辑"选项组→"替换"按钮，弹出"查找和替换"对话框，在对话框中选择"替换"选项卡。

（2）在"查找内容"文本框中输入"四川大学"，在"替换为"文本框中输入"四川大学"，单击"更多"按钮，如图 5.5 所示。

图 5.5　带格式替换

（3）单击"格式"按钮，在弹出的下拉列表中选择"字体"命令，打开"替换字体"对话框。

（4）在对话框中，选择着重号，单击"确定"按钮，如图5.6所示。

图 5.6 "替换字体"对话框

（5）单击"全部替换"按钮完成操作。

5.2.3 实验五 文字格式的排版

文字格式的排版

【实验目的】

1. 掌握常用字符的格式设置方法，如字体、字号、字形、颜色等。

2. 掌握字符效果的设置方法。

3. 掌握字符间距的设置方法。

4. 掌握对文字添加边框和底纹的设置方法。

【实验任务】

1. 打开 w1.docx，将标题段文字设置为黑体，红色，三号，加粗，字符间距加宽 2 磅，文字添加绿色边框和黄色底纹，文字居中对齐。

2. 正文各段的中文文字设置为五号楷体，英文文字设置为五号 Arial，并按原文件名保存文档。

【实验内容】

1. 实验任务 1 操作步骤

（1）打开"w1.docx"，选中文档的标题"醉在银杏灿烂时"，在"开始"选项卡的"字体"选项组中，单击右下角的"打开对话框"按钮，打开"字体"对话框。

（2）选择字体为"黑体"，颜色为"红色"，字号为"三号"，字形为"加粗"，如图5.7所示。

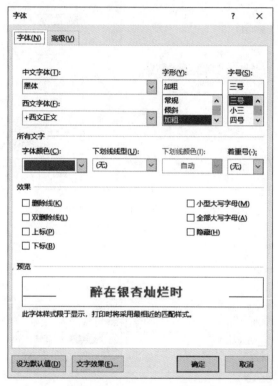

图 5.7　"字体"对话框

（3）选择字体对话框中的"高级"选项卡，选择间距为"加宽"，磅值为"2磅"。

（4）单击"确定"按钮关闭"字体"对话框。

（5）单击"段落"选项组→"居中对齐"按钮，将标题居中对齐。

（6）单击"开始"选项卡→"段落"选项组→田▾下拉按钮，在弹出的下拉列表中选择"边框和底纹"命令，打开"边框和底纹"对话框。

（7）在对话框中选择边框颜色为"绿色"，设置为"应用于文字"；选择"底纹"选项卡，选择底纹颜色为"黄色"，设置为"应用于文字"，如图5.8所示。

2. 实验任务 2 操作步骤

（1）打开"w1.docx"，选中正文各段，在"开始"选项卡的"字体"选项组中，单击右下角的对话框启动器按钮，打开"字体"对话框。

（2）选择字号为"五号"，中文字体为"楷体"，西文字体为"Arial"，如图5.9所示，保存文档。

图 5.8 "边框和底纹"对话框

图 5.9 "字体"对话框

5.2.4　实验六　段落格式的排版

【实验目的】

1. 掌握段落基本格式的设置方法，如段落缩进、段落对齐、段落间距、行间距、特殊格式等。

2. 掌握项目符号和编号的设置方法。

3. 掌握格式刷的使用方法。

微视频 5-4

段落格式的排版

【实验任务】

1. 打开"w1.docx"，将正文各段首行缩进 2 个字符，段前间距设为 0.5 行，左右各缩进 0.5 字符，行距为 1.2 倍行距。

2. 给文档的第 3 段到第 5 段文字添加项目符号■，完成上述操作后保存文档。

【实验内容】

1. 实验任务 1 操作步骤

（1）选中正文各段，单击"开始"选项卡→"段落"选项组右下角的对话框启动器按钮，打开"段落"对话框。

（2）在"特殊格式"下拉列表中选择"首行缩进"选项，磅值设为"2 字符"。将"左侧""右侧"调整为 0.5 字符，设置间距"段前"的度量值为"0.5 行"。打开"行距"下拉列表，选择"多倍行距"选项，在"设置值"数值框中输入"1.2"，完成以上设置后，单击"确定"按钮，如图 5.10 所示。

2. 实验任务 2 操作步骤

（1）选中第 3 段到第 5 段，单击"开始"选项卡→"段落"选项组→"项目符号"下拉按钮，弹出下拉列表。

（2）在下拉列表中选择项目符号■，如图 5.11 所示。完成后单击"保存"按钮直接保存文档。

【知识拓展】

1. 段落行距的几种设置

（1）单倍行距：每一行的行距为该行最大字体的高度加上一点额外的间距。额外间距值取决于所用的字体。

（2）1.5 倍行距：单倍行距的 1.5 倍。

（3）两倍行距：单倍行距的 2 倍。

（4）最小值：能容纳本行中最大字体或图形的最小行距。

（5）固定值：行距固定，系统不自动进行调整。

（6）多倍行距：单倍行距的若干倍，倍数在"设置值"数值框中设定。

当在"行距"下拉列表中选择了"最小值""固定值"或"多倍行距"选项时，可以在"设置值"数值框中指定具体的数值。

2. 格式刷是将选定文字的格式复制到另一段文字中去，使另一段文字拥有和选定文字相同的格式属性

使用方法步骤如下：

（1）选定要复制的格式所在的文字，可以是段落格式也可以是文字格式。如果选定段落，那么格式刷复制的格式就包含段落格式，如果只想复制字体格式，那么选定几个字即可。

（2）选定后，单击“开始”选项卡→“剪贴板”选项组→“格式刷”按钮复制选定的文字或段落的格式。

（3）按住左键拖动选定要修改的段落，放开左键后，文字或段落格式就会被复制到选定的段落上。

（4）若要复制格式到多个不同的文本上，则需要双击“格式刷”按钮，如果要取消“格式刷”功能，只需再次单击工具栏上的“格式刷”按钮即可。

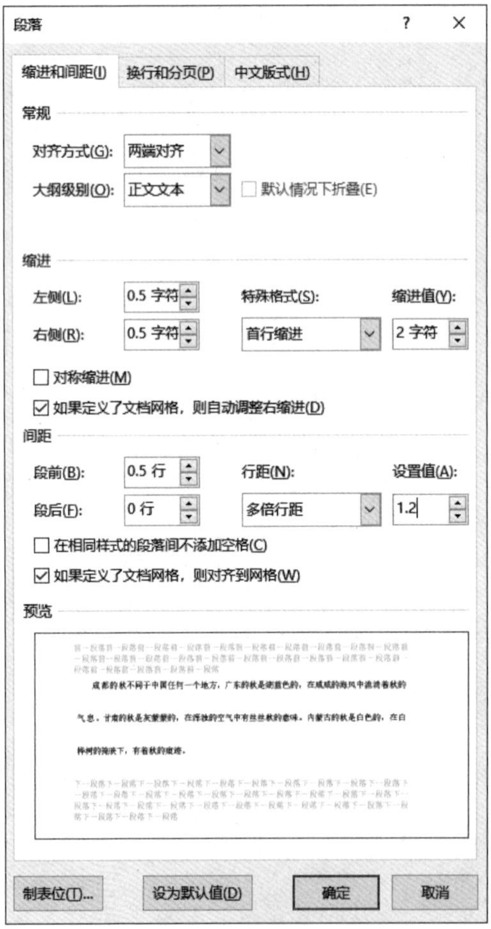

图 5.10 “段落”对话框

图 5.11 项目符号列表

▶ 微视频 5-5

页面布局的设置

5.2.5 实验七 页面布局

【实验目的】

1. 掌握页面水印的制作方法。

2. 掌握页面设置的基本方法，如设置纸张大小、页边距等。

3. 掌握页面边框的设置方法。

【实验任务】

1. 打开"w1.docx"文档，设置页面水印为文字"醉在银杏灿烂时"，颜色为黄色。

2. 设置纸张大小为 16 开，页面左右边距为 2.5 厘米，上下边距为 2 厘米。

3. 任意设置一种艺术型页面边框后，保存文档。

【实验内容】

1. 实验任务 1 操作步骤

（1）打开"w1.docx"文档，单击"设计"选项卡→"页面背景"选项组→"水印"按钮，在弹出的下拉列表中选择"自定义水印"选项，打开"水印"对话框。

（2）单击"文字水印"单选按钮，在"文字"文本框中输入"醉在银杏灿烂时"，设置文字颜色为"黄色"，单击"确定"按钮，完成文字水印的设置，如图 5.12 所示。

图 5.12 "水印"对话框

2. 实验任务 2 操作步骤

（1）单击"布局"选项卡→"页面设置"选项组右下角的对话框启动器按钮，弹出"页面设置"对话框。

（2）选择"纸张"选项卡，单击"纸张大小"下拉按钮，在下拉列表中选择"16开"的纸型。

（3）选择"页边距"选项卡，将左、右边距调整为2.5厘米，上、下边距调整为2厘米，如图5.13所示。

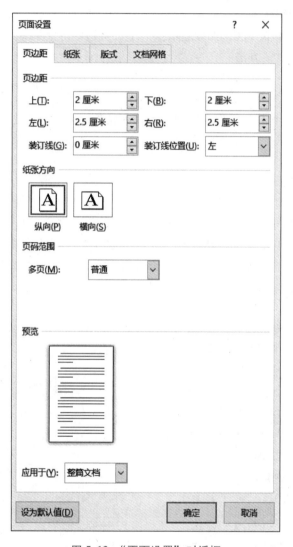

图5.13 "页面设置"对话框

3. 实验任务3操作步骤

（1）单击"设计"选项卡→"页面背景"选项组→"页面边框"按钮，打开"边框和底纹"对话框。

（2）选择"页面边框"选项卡，单击"艺术型"下拉按钮，在下拉列表中选择任意一种页面边框，单击"确定"按钮，如图5.14所示。完成上述操作后保存文档。

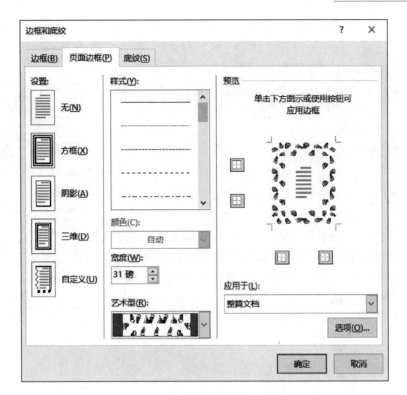

图 5.14 "边框和底纹"对话框

5.3 Word 2016 的高级应用

Word 2016 的高级应用包括分栏与首字下沉、图文混排、艺术字的使用、脚注与尾注的插入、页面和页脚的设置等。灵活使用高级排版，可以让文档元素更丰富，排版更生动。

5.3.1 实验八 分栏与首字下沉

微视频 5-6

分栏与首字下沉

【实验目的】

1. 掌握分栏的设置方法。

2. 掌握首字下沉的排版方法。

【实验任务】

1. 打开"w1.docx"文档，将正文第一段设置为首字下沉，下沉 2 行，距正文 0.2 厘米。

2. 将第 2 段分为等宽的两栏，栏间距为 1 个字符，栏间添加分隔线。完成以上操作后保存文档。

【实验内容】

1. 实验任务 1 操作步骤

（1）打开"w1.docx"文档，选定第一段正文（也可将插入点定位在第一段正文的任意位置）。

（2）单击"插入"选项卡→"文本"选项组→"首字下沉"按钮，在弹出的快捷菜单中选择"首字下沉选项"命令，打开"首字下沉"对话框。

（3）在对话框中选择"位置"为"下沉"，在选项中设置下沉行数的值为2行，距正文0.2厘米，单击"确定"按钮即可，如图5.15所示。

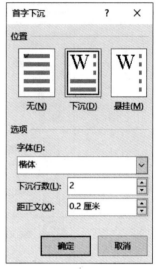

2. 实验任务2操作步骤

（1）选定第2段。

（2）单击"布局"选项卡→"页面设置"选项组→"分栏"按钮，在下拉列表中选择"更多分栏"命令，弹出"分栏"对话框。

（3）在"分栏"对话框的"预设"选项组中选择"两栏"选项，在"宽度和间距"选项组中勾选"栏宽相等"复选框，设置栏间距为1个字符，勾选"分隔线"复选框，单击"确定"按钮即可，如图5.16所示。

（4）完成上述操作后保存文档。

图5.15　首字下沉对话框

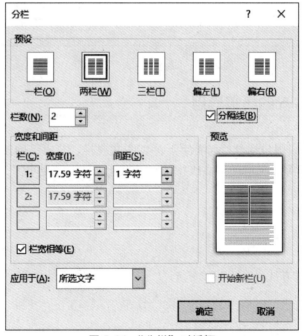

图5.16　"分栏"对话框

5.3.2　实验九　图片和艺术字的使用

【实验目的】

1. 掌握图片的插入方法，图片的大小、版式及环绕方式的设置方法。

2. 掌握艺术字的插入方法，艺术字的大小、版式及环绕方式的设置方法。

【实验任务】

1. 打开"w1.docx"文档，插入名为"素材1.jpg"的图片，设置图片的环绕方式为"四周型"环绕，调整图片的大小，并将图片放置在文档中合适的位置。

2. 在文档末尾插入艺术字，文字内容为"醉在银杏灿烂时"，设置字体为"隶书"，字号为"36磅"，字形为"加粗"，设置艺术字的环绕方式为"上下型"环绕，调整艺术字的大小，放置在文档末尾合适的位置并保存文档。

【实验内容】

1. 实验任务 1 操作步骤

（1）打开"w1.docx"文档，将鼠标光标定位在文档中任意位置。

（2）单击"插入"选项卡→"插图"选项组→"图片"按钮，弹出"插入图片"对话框。

（3）找到"素材1.jpg"图片，单击"插入"按钮，如图5.17所示。

（4）选中图片，调整图片大小，单击鼠标右键，在弹出的快捷菜单中选择"自动换行"→"四周型环绕"命令。

（5）选中图片，拖曳图片到适当的位置。

图 5.17　"插入图片"对话框

2. 实验任务 2 操作步骤

（1）光标定位在文档末尾，单击"插入"选项卡→"文本"选项组→"艺术字"按钮，在下拉列表中任意选择一种艺术字样式。

（2）在艺术字编辑框中输入艺术字文字"醉在银杏灿烂时"，如图5.18所示。

（3）选中文字，在"开始"选项卡→"字体"选项组中设置字体为"隶

书"，字号为"36磅"，单击"加粗"按钮。

（4）选中艺术字，单击鼠标右键，在弹出的快捷菜单中选择"自动换行"→"上下型环绕"命令。

（5）用鼠标拖动艺术字周围的8个控制点可调整艺术字的大小，按住鼠标左键将艺术字拖曳到文档末尾。

（6）完成上述操作后保存文档。

图 5.18　艺术字编辑框

【知识拓展】

图片和艺术字在文档中的两种存在方式如下：

1．"浮动式"图片存放在图形层中，将鼠标移到所选图片上，当鼠标指针变成✛形状时，通过拖曳鼠标可在页面上随意移动。

2．"嵌入式"图片存放在文档层中，只能通过改变插入点光标位置来移动图片。

5.3.3　实验十　脚注和尾注的使用

【实验目的】

1．掌握脚注的插入方法。

2．掌握尾注的插入方法。

【实验任务】

1．打开"w1.docx"文档，在标题段"醉在银杏灿烂时"的末尾添加尾注"选自四川大学新闻中心"。

2．在最后一段的末尾添加脚注"请关注微信公众号：四川大学"。完成上述操作后保存文档。

【实验内容】

1．实验任务1操作步骤

（1）打开"w1.docx"文档，将鼠标光标定位在标题段的末尾。

（2）单击"引用"选项卡→"脚注"选项组→"插入尾注"按钮，如图5.19所示，在文档末尾处出现尾注标号"i"的末尾输入尾注文字"选自四川大学新闻中心"即可。

2．实验任务2操作步骤

（1）将鼠标光标定位在最后一段的末尾。

（2）在"引用"选项卡→"脚注"选项组中，单击"插入脚

图 5.19　"脚注"选项组

微视频 5-9

脚注和尾注的使用

注"按钮，在页脚处出现脚注标号"1"的末尾输入脚注文字"请关注微信公众号：四川大学"。

（3）完成上述操作后保存文档。

5.3.4 实验十一 封面的设计

▶微视频 5-10

封面的设计

【实验目的】

1. 掌握封面的插入方法。

2. 掌握封面样式的使用方法。

【实验任务】

打开"w2. docx"文档，在文档开头插入"奥斯汀"样式封面，设置封面标题为"黑客技术"，删除封面的"摘要"和"副标题"文本框，完成上述操作后保存文档。

【实验内容】

实验任务操作步骤如下：

（1）打开"w2. docx"文档，将鼠标光标定位在文档任意位置。

（2）单击"插入"选项卡→"页面"选项组→"封面"按钮，在弹出的下拉菜单中选择"奥斯汀"样式，如图 5.20 所示。

（3）单击"标题"文本框，键入标题文字"黑客技术"。

（4）选定"摘要"和"副标题"文本框，按 Delete 键删除。

（5）完成上述操作后，保存文档。

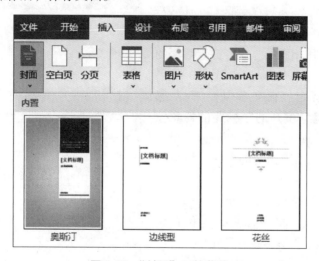

图 5.20 "封面"下拉菜单

5.3.5 实验十二 目录的排版

【实验目的】

1. 掌握目录的插入方法。

2. 掌握目录的更新方法。

【实验任务】

1. 打开"w2.docx"文档，将文章的标题"黑客技术"设置为"标题1"样式；将文章中编号为"一、""二、""三、"等标题设置为"标题2"样式；将文章中编号为"（一）""（二）""（三）"等标题设置为"标题3"样式。

2. 在文档开头插入目录，目录单独一页。

3. 将目录页的标题"目录"设置为"正文"样式，并设置字体为"黑体"，字号为"三号"，居中放置；将正文中的"引言"二字改为"摘要"，并更新目录。完成上述操作后，保存文档。

微视频 5-11

样式的使用

【实验内容】

1. 实验任务1操作步骤

（1）打开"w2.docx"文档。

（2）将鼠标光标定位在文章标题"黑客技术"的任意位置，选择"开始"选项卡→"样式"选项组→"标题1"样式选项，如图5.21所示。

图 5.21 "样式"选项组

（3）将鼠标光标定位在文章中"一、黑客技术属于科学技术的范畴"标题的任意位置，选择"开始"选项卡→"样式"选项组→"标题2"样式选项。采用相同的方法，设置后面的一级标题。

（4）将鼠标光标定位在文章中"（一）黑客技术和网络安全是分不开的"标题的任意位置，选择"开始"选项卡→"样式"选项组→"标题3"样式选项。采用相同的方法，设置后面的二级标题。

微视频 5-12

目录的排版

2. 实验任务2操作步骤

（1）将鼠标光标定位在文章标题"黑客技术"前。

（2）单击"引用"选项卡→"目录"选项组→"目录"按钮，在弹出的下拉菜单中选择"自动目录1"选项，如图5.22所示。

（3）目录自动生成后，将鼠标光标定位在标题"黑客技术"前，单击"插入"选项卡→"页面"选项组→"分页"按钮，插入分页符，

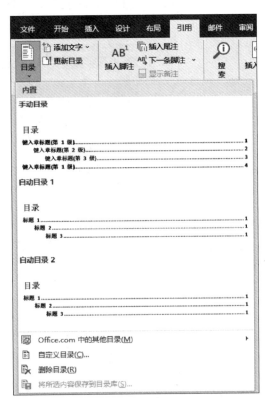

图 5.22 "目录"下拉菜单

将正文另起一页，目录单独一页。

3. 实验任务 3 操作步骤

（1）选中"目录"二字，选择"开始"选项卡→"样式"选项组→"正文"样式选项。

（2）在"开始"选项卡→"字体"选项组→"字体""字号"下拉列表中分别选择"黑体""三号"选项。

（3）删除正文开头的"引言"二字，输入"摘要"。

（4）选中目录部分，单击"更新目录"按钮，如图 5.23 所示。在弹出的对话框中选择"更新整个目录"单选按钮，完成目录的更新操作，如图 5.24 所示。

图 5.23　目录的插入

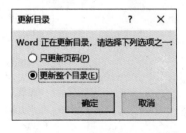

图 5.24　"更新目录"对话框

微视频 5-13

页眉和页脚的设置

5.3.6　实验十三　页眉和页脚的设置

【实验目的】

1. 掌握页眉和页脚的插入方法，设置奇偶页不同的页眉和页脚。

2. 掌握分节的页眉页脚的插入方法。

【实验任务】

打开"w2. docx"文档，设置页眉和页脚。要求：封面页不显示页眉页脚，目录页不显示页眉，同时删掉页眉区的横线，目录页的页脚居中位置插入页码"Ⅰ"，正文部分页眉为"黑客技术"，页脚处插入页码，页码样式为"1,2,3…"，奇数页的页眉页脚右对齐，偶数页的页眉页脚左对齐。完成上述操作后，保存文档。

【实验内容】

实验任务操作步骤如下：

（1）打开"w2. docx"文档，将鼠标光标定位在文章标题"黑客技术"的前面。

（2）单击"布局"选项卡→"页面设置"选项组→"分隔符"下拉按钮，在下拉菜单中选择"连续"分节符，如图 5.25 所示；单击"开始"选项卡→"段落"选项组→↩按钮，可以查看到文档中插入"分页符"和"分节符"的位置；此时"封面"和"目录"为第一节，正文为第二节。

（3）单击"插入"选项卡→"页眉和页脚"选项组→"页眉"按钮，在弹出的菜单中选择"编辑页眉"命令，进入页眉和页脚的编辑状态，功能区如图 5.26 所示。

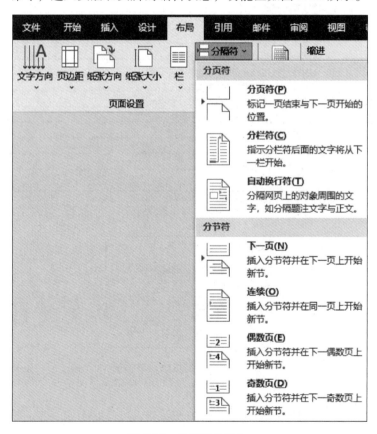

图 5.25　分隔符的插入

（4）将鼠标光标定位在"目录"页的页眉，勾选"页眉和页脚工具"功能区→"页眉和页脚"选项卡→"选项"选项组→"首页不同"复选框。

图 5.26　页眉和页脚功能区

（5）选中"目录"页眉区的段落标记，单击"开始"选项卡→"段落"选项组→"边框和底纹"按钮，在下拉菜单中选择"无边框"选项，即可去掉目录页眉的横线，如图 5.27 所示。

图 5.27　页眉下框线设置示意图

（6）单击"页眉和页脚工具"功能区→"页眉和页脚"选项卡→"导航"选项组→"转至页脚"按钮，切换到页脚处。

（7）单击"页眉和页脚工具"功能区→"页眉和页脚"选项卡→"页眉和页脚"选项组→"页码"按钮，在弹出的菜单中选择"当前位置"→"普通数字"命令，插入目录的页码。

（8）单击"页眉和页脚工具"功能区→"页眉和页脚"选项卡→"页眉和页脚"选项组→"页码"按钮，在弹出的菜单中选择"设置页码格式"命令，弹出"页码格式"对话框，在"编号格式"栏中选择"Ⅰ,Ⅱ,Ⅲ,…"选项，在"页码编号"中设置"起始页码"为Ⅰ，如图 5.28 所示。

（9）单击"开始"选项卡→"段落"选项组→"居中对齐"按钮，完成页码居中放置。

（10）单击"页眉和页脚工具"功能区→"页眉和页脚"选项卡→"导航"选项组→"下一条"按钮，切换到正文页脚处。

（11）切换到"页眉和页脚工具"功能区→"页眉和页脚"选项卡，在"选项"选项组中，取消勾选"首页不同"复选框，勾选"奇偶页不同"复选框；在"导航"选项组中，单击"链接到前一节"按钮，去掉页面中"与上一节相同"的提示，开始设置正文的页眉页脚。

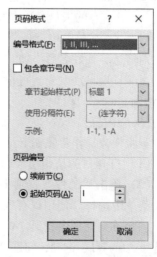

图 5.28　页码格式设置对话框

（12）切换到"页眉和页脚工具"功能区→"页眉和页脚"选项卡，在"页眉和页脚"选项组中，单击"页码"按钮，在弹出的下拉菜单中选择"当前位置"→"普通数字"命令，插入页码，单击"页码"按钮，在弹出的下拉菜单中选择"设置页码格式"命令，弹出"页码格式"对话框，在"编号格式"栏中选择"1,2,3,…"选项，在"页码编号"中设置"起始页码"为1，单击"开始"选项卡→"段落"选项组→"右对齐"按钮，完成奇数页页码的设置。

（13）单击"页眉和页脚工具"功能区→"页眉和页脚"选项卡→"导航"选项组→"转至页眉"按钮，切换至奇数页的页眉，输入"黑客技术"，设置为"右对齐"，完成奇数页页眉的设置。

（14）切换到"页眉和页脚工具"功能区→"页眉和页脚"选项卡，单击"导航"选项组→"下一条"按钮，进入偶数页页眉的编辑，单击"链接到前一节"按钮，去掉页面中"与上一节相同"的提示，输入偶数页页眉"黑客技术"，设置为"左对齐"。

（15）单击"页眉和页脚工具"功能区→"页眉和页脚"选项卡→"导航"选项组→"转至页脚"按钮，切换到页脚处。

（16）单击"页眉和页脚工具"功能区→"页眉和页脚"选项卡→"页眉和页脚"选项组→"页码"按钮，在弹出的下拉菜单中选择"当前位置"→"普通数字"命令，插入正文偶数页的页码，将其设置为"左对齐"。

（17）完成上述操作后，保存文档。

5.3.7　实验十四　邮件合并

▶微视频5-14

邮件合并的使用

【实验目的】

1. 掌握邮件合并的操作方法。

2. 掌握邮件规则的设置方法。

【实验任务】

文件"邀请函模板.docx"中已经制作好了一个邀请函基本样式，要邀请的人员名单在文件"Word人员名单.xlsx"中。要求：将电子表格"Word人员名单.xlsx"中的姓名信息自动填写到"邀请函"中"尊敬的"后面，并根据性别信息，在姓名后添加"先生"或"女士"；在邀请函落款位置插入日期，要求日期可以根据当前日期自动改变。将设计好的主文档按原文件名保存，将最后生成的邀请函以文件名"邀请函.docx"保存。

【实验内容】

实验任务操作步骤如下：

（1）打开"邀请函模板.docx"文档，将鼠标光标定位在"尊敬的"后面。

（2）单击"邮件"选项卡→"开始邮件合并"选项组→"选择收件人"按钮，在弹出的下拉菜单中选择"使用现有列表"命令，弹出"选择数据源"对话框。

（3）在对话框中找到"Word人员名单.xlsx"，单击"打开"按钮，在"选择表格"对话框中选择"Sheet1"选项，勾选"数据首行包含列标题"复选框，单击"确定"按钮，如图5.29所示。

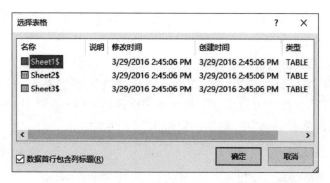

图 5.29 "选择表格"对话框

（4）单击"邮件"选项卡→"编写和插入域"选项组→"插入合并域"按钮，在弹出的下拉菜单中选择"姓名"选项，完成姓名的插入，如图 5.30 所示。

图 5.30 插入合并域

（5）单击"邮件"选项卡→"编写和插入域"选项组→"规则"按钮，在弹出的下拉菜单中选择"如果…那么…否则"命令，弹出"插入 Word 域：如果"对话框，如图 5.31 所示；选择"域名"为"性别"，"比较条件"为"等于"，"比较对象"为"男"，在"则插入此文

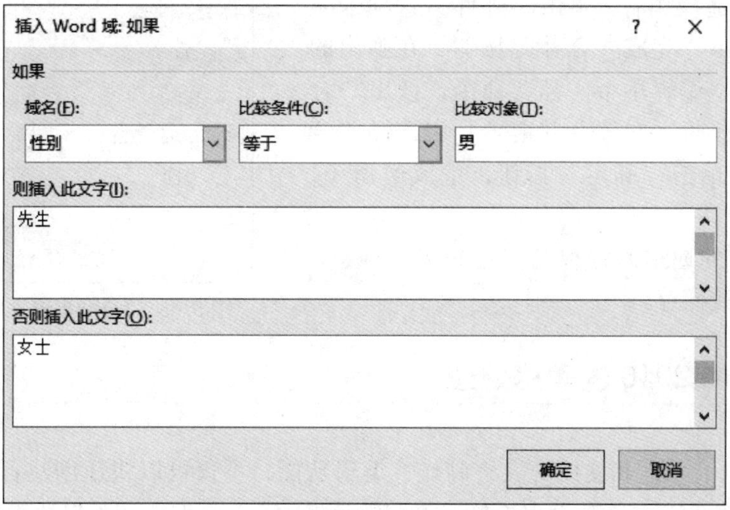

图 5.31 设定插入域规则

字"中输入"先生"，在"否则插入此文字"中输入"女士"，单击"确定"按钮，完成姓名后称谓的插入，如图 5.31 所示。

（6）将鼠标光标定位在邀请函落款处，单击"插入"选项卡→"文本"选项组→"日期和时间"按钮，弹出"日期和时间"对话框，在"语言（国家/地区）"下拉列表中选择"中文（简体，中国大陆）"，在"可用格式"列表框中选择"××××年××月××日"的格式，勾选"自动更新"复选框，单击"确定"按钮，如图 5.32 所示。

图 5.32 "日期和时间"对话框

（7）完成上述操作后，单击"邮件"选项卡→"完成"选项组→"完成并合并"按钮，在弹出的下拉菜单中选择"编辑单个文档"命令，弹出"合并到新文档"对话框，在"合并记录"中选择"全部"单选按钮，单击"确定"按钮，生成邀请函，如图 5.33 所示。

（8）将生成的邀请函保存为"邀请函.docx"，将原文件模板直接保存。

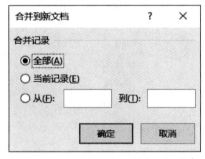

图 5.33 "合并到新文档"对话框

5.4 Word 2016 的表格处理

Word 2016 具有较强和便捷的表格制作、编辑功能，不仅可以快速创建各种各样的表格，还可以很方便地修改表格、移动表格位置或调整表格大小。同时，还可以给表格或单元格添加各种边框和底纹，自动套用各种表格样式修饰表格。Word 2016 的表格功能可以实现在文本和表格之间相互转换，并利用公式和函数对表格的数据进行处理。

制作一个表格的基本步骤如下：

（1）建立表格——制作空表格、输入表格内容。

（2）编辑表格——修改表格结构（单元格的合并、拆分等）。

（3）数据处理——利用公式和函数对数据进行处理等。

（4）设置表格格式——选择字体、字号、对齐方式，为表格设置边框、底纹等。

5.4.1　实验十五　表格的建立

【实验目的】

1. 掌握表格的绘制方法。

2. 掌握文本与表格之间相互转换的方法。

【实验任务】

1. 新建文档，并在文档中按照样表 1（如图 5.34 所示）的要求建立表格，将文档保存为"w3. docx"。

2. 输入文本，样本如图 5.35 所示，将末尾 8 行文本转换成 8 行 3 列的表格，以"w4. docx"为文件名保存该文档。

姓名	高等数学	大学物理	大学英语	计算机基础
张培根	70	80	86	90
贾　里	88	75	82	92
林晓梅	65	70	60	72
鲁艳青	69	75	70	68
陈应达	94	88	95	93
杜　波	68	73	81	69
庄　静	87	92	85	90

图 5.34　样表 1

```
部分国家数据地面广播启动时间表
国家,数据广播开播时间,模拟频道停播时间
美国,1988.12,2006
日本,2001,2011
德国,2000,2010
法国,2001.12,2015
英国,1988.11,2005
意大利,2000.2,2010
西班牙,1999,2012
```

图 5.35　样表 2

【实验内容】

1. 实验任务 1 操作步骤

（1）新建一个 Word 文档。

（2）单击"插入"选项卡→"表格"选项组→"表格"按钮，在弹出的下拉菜单中选择"插入表格"命令，弹出"插入表格"对话框。

（3）在对话框中设置表格行列数分别为 8 行、5 列，如图 5.36 所示。

（4）按照样表 1 的要求，输入表格内容。

（5）保存文档，命名为"w3. docx"。

2. 实验任务 2 操作步骤

（1）新建一个 word 文档。

（2）输入样表 2 中的文本，输入时注意，文字中的分隔符"逗号"必须是英文半角的逗号。

（3）选中最后 8 行文字，单击"插入"选项卡→"表格"选项组→"表

微视频 5-15

建立简单表格

微视频 5-16

将文字转换成表格

格"按钮，在弹出的下拉菜单中选择"文本转换成表格"命令，弹出"将文本转化成表格"对话框。

（4）Word 2016 会自动识别文本的行数和列数，在确认无误的情况下，单击"确定"按钮，完成转换操作，如图 5.37 所示。

（5）保存文档，命名为"w4. docx"。

图 5.36 "插入表格"对话框

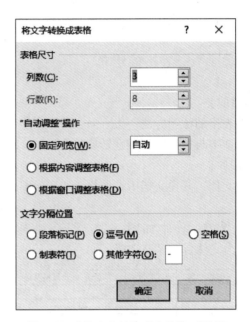

图 5.37 "将文字转换成表格"对话框

【知识拓展】

　　利用 Word 2016 将文本转换成表格的关键是使用分隔符号将文本合理分隔。Word 2016 能够识别常见的分隔符，如段落标记（用于创建表格行）、制表符和逗号（用于创建表格列）。例如，对于只有段落标记的多个文本段落，Word 2016 可以将其转换成单列多行的表格；而对于同一个文本段落中含有多个制表符或逗号的文本，Word 2016 可以将其转换成单行多列的表格；包括多个段落、多个分隔符的文本则可以转换成多行、多列的表格。

5.4.2　实验十六　表格的编辑

微视频 5-17

单元格、行、列的插入与删除

【实验目的】

1. 掌握表格行、列的插入与删除方法。

2. 掌握单元格的合并与拆分方法。

3. 掌握斜线表头的绘制方法。

【实验任务】

1. 打开"w3. docx"文档，在最后一列的右侧插入一列，输入列标题为"总分"。

2. 在表格第一行的上方插入一行，并将该行的 6 个单元格合并成一个，输入表格的标题为"成绩表"。

3. 在表格的最后插入一行，输入行标题为"平均分"。

4. 在表格的第一行第一列单元格中绘制一根左上右下的斜线表头。完成上述操作后保存文档。

【实验内容】

1. 实验任务 1 操作步骤

（1）选中最后一列（鼠标指向该列的上方，光标形状变为↓后单击）。

（2）单击"表格工具"功能区→"布局"选项卡→"行和列"选项组→"在右侧插入"按钮，即可插入一列，如图 5.38 所示。

（3）输入列标题"总分"。

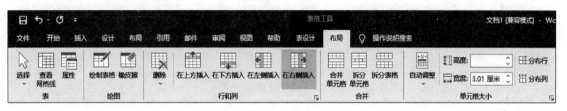

图 5.38　"表格工具"功能区

2. 实验任务 2 操作步骤

（1）选定第一行（鼠标移到该行的文本选定区，单击）。

（2）单击"表格工具"功能区→"布局"选项卡→"行和列"选项组→"在上方插入"按钮，即可插入一行。

（3）选定标题行（第一行）。

（4）单击"表格工具"功能区→"布局"选项卡→"合并"选项组→"合并单元格"按钮，完成第一行单元格的合并。

（5）在合并后的单元格中输入标题名"成绩表"。

3. 实验任务 3 操作步骤

（1）选中最后一行。

（2）单击"表格工具"功能区→"布局"选项卡→"行和列"选项组→"在下方插入"按钮，即可插入一行。

（3）输入行标题"平均分"。

4. 实验任务 4 操作步骤

（1）选中第一行第一列单元格（鼠标移至单元格中的左下角，指针形状变为↗后单击）。

（2）单击"表格工具"功能区→"表设计"选项卡→"边框"选项组→"边框"下拉按钮，在下拉菜单中选择"斜下框线"选项，插入斜线表头。

（3）在此单元格中分行输入"科目""姓名"。

（4）设置"科目"的段落格式为"右对齐"，"姓名"的段落格式为"左对齐"，最后的效果如图 5.39 所示。

（5）完成上述操作后，保存文档。

科目 姓名	高等数学	大学物理	大学英语	计算机基础	总分
张培根	70	80	86	90	
贾　里	88	75	82	92	
林晓梅	65	70	60	72	
鲁艳青	69	75	70	68	
陈应达	94	88	95	93	
杜　波	68	73	81	69	
庄　静	87	92	85	90	

图5.39　斜线表头效果图

【知识拓展】

表格的操作仍然要遵守"先选定，后操作"的原则，表格中行、列、单元格的选择方法如表5.2所示。

表5.2　表格的选定方法

选定区域	鼠标操作
单元格	鼠标指向单元格左下角，指针形状变为➚，单击
一行	鼠标移到该行文本选定区，指针形状变为⬈，单击
一列	① 按住 Alt 键，同时单击该列中的任意位置 ② 鼠标移到该列上边界，指针形状变为⬇，单击
整个表格	① 按住 Alt 键的同时双击表格内的任意位置 ② 单击表格左上角的"表格移动柄" ⊞
多个单元格	① 将鼠标指针从左上角单元格拖曳到右下角单元格 ② 选定左上角单元格，按住 Shift 键单击右下角单元格

5.4.3　实验十七　表格中数据的处理

【实验目的】

1. 掌握利用公式对表格中的数据进行处理的方法。
2. 掌握利用函数对表格中的数据进行处理的方法。
3. 掌握利用复制和更新域功能对表格中的数据进行批量处理的方法。
4. 掌握排序的操作方法。

【实验任务】

1. 打开"w3.docx"文档，利用公式求出每个学生的总分，填入每一行末尾单元格中。

2. 利用 AVERAGE 函数计算每门课程的平均分，计算结果保留两位小数，填入最后一行对应单元格中。

3. 按"总分"列的成绩，从高分到低分进行排序，完成上述操作后，保存文档。

【实验内容】

1. 实验任务 1 操作步骤

（1）将插入点定位在第一个需要计算结果的单元格中，单击"表格工具"功能区→"布局"选项卡→"数据"选项组→"fx 公式"按钮，弹出"公式"对话框。

（2）在对话框中出现一个默认的公式"＝SUM（LEFT）"（"LEFT"为插入点左侧的数据），直接单击"确定"按钮完成第一行数据的求和，如图 5.40 所示。

（3）选中该单元格，单击"复制"按钮。

（4）依次粘贴到最后一列的其他单元格中，选中最后一列的数据，按 F9 键，完成公式计算结果的更新，如图 5.41 所示。

2. 实验任务 2 操作步骤

（1）将插入点定位在"高等数学"的各科平均分单元格中，单击"表格工具"功能区→"布局"选项卡→"数据"选项组→"fx 公式"按钮，弹出"公式"对话框。

图 5.40　"公式"对话框

科目　姓名	高等数学	大学物理	大学英语	计算机基础	总分
张培根	70	80	86	90	326
贾　里	88	75	82	92	337
林晓梅	65	70	60	72	267
鲁艳青	69	75	70	68	282
陈应达	94	88	95	93	370
杜　波	68	73	81	69	291
庄　静	87	92	85	90	354

图 5.41　表格公式计算结果示意图

（2）在"公式"对话框中，删除"公式"文本框中除"＝"以外的内容。

（3）在对话框的"粘贴函数"下拉列表中选择"AVERAGE（）"选项。

（4）在公式的括号中，输入"ABOVE"（"ABOVE"即为插入点上方的数据）。

（5）在"编号格式"列表框中选择或输入"0.00"（表示小数点后两位），然后单击"确定"按钮，如图 5.42 所示。

（6）选中该单元格的内容，单击"复制"按钮。

图 5.42　AVERAGE 函数的使用

（7）依次粘贴到最后一行的其他单元格中，选中最后一行的数据，按 F9 键，完成计算结果的更新，如图 5.43 所示。

科目\姓名	高等数学	大学物理	大学英语	计算机基础	总分
张培根	70	80	86	90	326
贾 里	88	75	82	92	337
林晓梅	65	70	60	72	267
鲁艳青	69	75	70	68	282
陈应达	94	88	95	93	370
杜 波	68	73	81	69	291
庄 静	87	92	85	90	354
平均分	77.29	79.00	79.86	82.00	318.14

图 5.43　公式计算结果示意图

3. 实验任务 3 操作步骤

（1）选中第 2 行到第 9 行的单元格，单击"表格工具"功能区→"布局"选项卡→"数据"选项组→"排序"按钮，弹出"排序"对话框。

（2）选择数据清单区域中的"有标题行"。

（3）设置"主要关键字"为"总分"；"类型"为"数字"；选择"降序"排序方式。

（4）单击"确定"按钮完成排序，如图 5.44 所示。

（5）完成上述操作后，保存文档。

图 5.44　"排序"对话框

【知识拓展】

1. 公式计算

Word 2016 表格中的计算可以用公式来完成，公式的表达形式为"=表达式"。输入公式时，一定不要忘记"="。表达式由数值和算术运算符组成，如 3 * 6 等，算术运算符有 + (加)、- (减)、* (乘)、/ (除)、^ (乘方)、() (圆括号，改变运算次序)。数值的表达方法有常量和单元格地址。

(1) 常量计算比较简单，例如，计算 5 * 3，将插入点移到存放该结果的单元格中，同样单击"布局"选项卡中的"fx 公式"按钮，在"公式"对话框中编辑公式"= 5 * 3"，并单击"确定"按钮，则可以在当前单元格返回计算结果 15。

(2) 对于应用单元格地址计算的方法，需要在公式中正确写出单元格的地址。Word 2016 表格中单元格命名的原则是：以 A、B、C、…… 表示列号，以 1、2、3、……表示行号，如第 2 行第 3 列的单元格就是 C2。

2. 函数计算

函数一般由函数名和参数组成，形式为：函数名(参数)，常用函数有：求和函数 SUM、求平均值函数 AVERAGE 以及计数函数 COUNT 等。其中括号内的参数包括 4 个，分别是左侧 (LEFT)、右侧 (RIGHT)、上方 (ABOVE) 和下方 (BELOW)，也可以用单元格地址来表示计算范围，表示方法为：左上角单元格地址：右下角单元格地址。例如，在实验任务 2 中，将函数"AVERAGE(ABOVE)"改为"AVERAGE(B3:B9)"，也可以得到相同的结果。

5.4.4 实验十八 表格的修饰

【实验目的】

1. 掌握表格和单元格对齐方式的设置方法。
2. 掌握表格边框和底纹的设置方法。
3. 掌握表格样式的自动套用方法。

【实验任务】

1. 打开"w3. docx"文档，设置表格标题"成绩表"为黑体，三号，加粗，表格中的中文文字为宋体，五号，西文字符为 Times New Roman，五号，单元格文字中部居中，整个表格居中对齐。

2. 设置表格的外框线为 0.5 磅蓝色双实线，内框线为 1 磅红色单实线，列标题添加黄色底纹。完成上述操作后，保存文档。

3. 打开"w4. docx"文档，设置表格居中，表格样式为"网格表 1 浅色-着色 2"，完成操作后，保存文档。

【实验内容】

▶微视频 5-20

表格中文字格式的排版

1. 实验任务 1 操作步骤

(1) 选中"成绩表"，在"开始"选项卡→"字体"选项组中设置字体为黑体，字号为三号，字形为加粗。

(2) 选中表格其余各行文字，单击"开始"选项卡→"字体"选项组右下角的对话框启动器按钮，打开"字体"对话框。设置"中文字体"为宋体，

"西文字体"为 Times New Roman，字号为五号，单击"确定"按钮。

（3）选中整个表格，单击"开始"选项卡→"段落"选项组→"居中"对齐按钮将表格居中排列。单击"表格工具"功能区，在"布局"选项卡的"对齐方式"选项组中单击"中部居中"按钮，完成文本对齐方式设置，如图 5.45 所示。

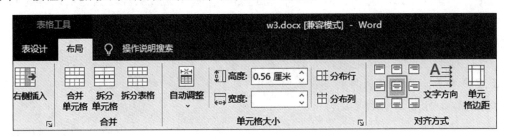

图 5.45　单元格对齐方式工具栏

表格外框线和
内框线的设置

2. 实验任务 2 操作步骤

（1）选中整个表格，单击"表格工具"功能区→"表设计"选项卡→"边框"选项组→"边框"下拉按钮，在下拉菜单中选择"边框和底纹"命令；在"边框和底纹"对话框中，选择"边框"选项卡，选择"双实线"线型，"颜色"为"蓝色"，"磅值"为 0.5 磅，依次双击预览框周围的上、下、左、右边框按钮，重新选择"单实线"线型，"颜色"为"红色"，"磅值"为 1 磅，依次双击预览框周围的内框线按钮，完成设置后，单击"确定"按钮，如图 5.46 所示。

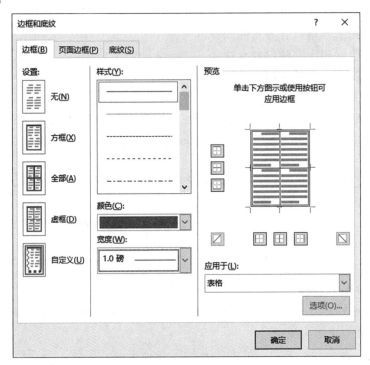

图 5.46　"边框和底纹"对话框

（2）选中列标题所在行，单击"表格工具"功能区→"表设计"选项卡→"表格样式"选项组→"底纹"下拉按钮，在下拉菜单中选择"标准色"黄色。

（3）完成上述操作后，保存文档并退出。

3. 实验任务 3 操作步骤

微视频 5-22

表格样式的套用

（1）打开"w4.docx"文档，选中表格，单击"开始"选项卡→"段落"选项组→"居中对齐"按钮，完成表格的对齐。

（2）选中表格，在"表格工具"功能区→"表设计"选项卡→"表格样式"选项组的表样式列表中选择"网格表 1 浅色-着色 2"。完成上述操作后，保存文档并退出，如图 5.47 所示。

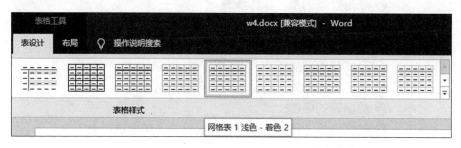

图 5.47　"表格样式"选项组

第 6 章　Excel 应用实验

【本章知识要点】
❶ **Excel 2016 的窗口组成**
❷ 表格处理的基本操作步骤
❸ 数据输入的方法
❹ 自动填充柄的使用
❺ 公式和函数的使用
❻ 单元格的相对引用、绝对引用和混合引用
❼ 数据表的修饰
❽ 数据分析（筛选、排序、分类汇总、数据透视表）
❾ 图表的处理

6.1　Excel 2016 简介

Excel 2016 是 Microsoft office 软件中的一款电子表格处理软件，具有强大的数据运算与分析能力，主要用来制作各种报表。Excel 为工程、财务、经济、统计、数据库等领域提供了大量的专用函数，能够用于各专业领域的数据计算、分析和科学研究。此外，Excel 还具有强大的数据和图表分析功能，能够便捷地制作出具有专业水准的数据分析报表和各种数据图表。

6.1.1　实验一　Excel 2016 窗口组成

【实验目的】
1. 了解 Excel 2016 的窗口组成。
2. 掌握 Excel 2016 功能区的使用方法。
3. 掌握工作簿、工作表、单元格的基本概念。
【实验任务】
1. 认识 Excel 2016 窗口及功能区的构成。
2. 掌握基本概念：工作表、工作簿、单元格的命名及区域的表示。
【实验内容】
1. 窗口构成
Excel 2016 应用程序窗口由快速访问工具栏、功能区、编辑栏、工作表编辑区和状态栏组

成，如图 6.1 所示。

图 6.1　Excel 2016 窗口组成

（1）快速访问工具栏：该工具栏位于工作界面的左上角，包含一组用户使用频率较高的工具，如"保存""撤消"和"恢复"。用户可单击快速访问工具栏右侧的倒三角按钮，在展开的列表中选择要在其中显示或隐藏的工具按钮。

（2）功能区：功能区位于标题栏的下方，是一个由 9 个选项卡组成的区域。Excel 2016 将用于处理数据的所有命令组织在不同的选项卡中。单击不同的选项卡标签，可切换功能区中显示的工具命令。在每一个选项卡中，命令又被分类放置在不同的选项组中。选项组的右下角通常都会有一个对话框启动器按钮，用于打开与该选项组命令相关的对话框，以便用户对要进行的操作做更进一步的设置。

（3）编辑栏：编辑栏主要用于输入和修改活动单元格中的数据。当在工作表的某个单元格中输入数据时，编辑栏会同步显示输入的内容。

（4）工作表编辑区：工作表编辑区用于显示或编辑工作表中的数据。

（5）工作表标签：工作表标签位于工作簿窗口的左下角，默认名称为 Sheet1，单击其右侧的按钮"+"可以继续添加工作表，单击不同的工作表标签可在工作表之间进行切换。

需要退出 Excel 时，用户可单击程序窗口右上角（即标题栏右侧）的"关闭"按钮，退出程序，也可双击窗口左上角的程序图标或按 Alt+F4 键退出。

2. 基本概念

在 Excel 中，用户接触最多就是工作簿、工作表和单元格，工作簿就像人们日常生活中的账本，而账本中的每一页账表就是工作表，账表中的一格就是单元格，工作表中包含了数以百万计的单元格。为了能够更好地使用 Excel 应用软件，有必要对这些相关知识进行了解。

（1）工作表：工作表是 Excel 中存储数据和公式以及进行运算的基本单位，它类似于人们日常工作中的数据表格。Excel 的每张表格由 1 048 576 行×16 384 列组成，行的编号自上而下从 1 到 1 048 576，列号则是从左到右采用字母 A、B、……XFD 作为编号。

每张工作表都有一个名称，显示在工作表标签上。第一张工作表默认的标签为 Sheet1，第二张工作表为 Sheet2，以此类推。用户可以按自己的意图给工作表重新命名。

在 Excel 中，多数操作都是以表为基本单位进行的，常见的操作有：

① 创建工作表。即在表中输入数据或公式等。

② 编辑工作表。包括工作表的添加、删除、移动、复制、重命名等操作。

③ 工作表的格式设置。工作表的格式设置指的是对表中的数据按人们更容易接受的形式或更符合需求的形式来进行定制。格式化工作表虽然不改变表中的数据，但它能使表中的数据更容易访问和理解，为每个使用工作表的用户带来更多的方便。

（2）工作簿：在 Excel 中生成的文件就叫做工作簿，Excel 2016 的文件扩展名是 xlsx。也就是说，一个 Excel 文件就是一个工作簿。

工作簿由若干张工作表组成，启动 Excel 2016 时默认开启 1 个工作表，用户可以根据需要添加或删除工作表。在 Excel 中，创建、打开和保存工作簿的方法与操作 Word 文档的方法非常相似。

可以将工作簿形象地比喻成会计所使用的账本。用户可以同时在一个工作簿的多张表格中输入和编辑数据，并可以对这些数据方便地进行汇总计算等。

（3）单元格：单元格是工作表的最小单位，若干个单元格组成了一张工作表（1 048 576×16 384 个单元格）。单元格中的数据可以是数值、字符、日期或公式等。

单元格名称（或单元格地址）由所在位置的行标、列标来表示。例如，第"5"行与第"B"列交叉位置上的单元格名称为"B5"，如图 6.2 所示。

单元格区域名称由其左上角单元格名称和右下角单元格名称所构成。例如，"A1：B5"表示该单元格区域是由左上角 A1 到右下角 B5 的单元格组成，该区域共有 10 个单元格，如图 6.3 所示。

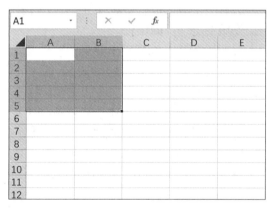

图 6.2　单元格示意图　　　　　　　　图 6.3　单元格区域示意图

为了区分不同的工作表中的单元格，需要在单元格名称前增加工作表的名称。不同工作簿文件中的单元格前面还需要加上工作簿的名称，例如，［Book1］Sheet1！B5 指定的就是 Book1工作簿文件中的 Sheet1 工作表中的 B5 单元格。

6.1.2　实验二　表格处理的基本操作步骤

【实验目的】

1. 掌握表格处理的一般操作步骤。

2. 掌握表格处理的基本操作原则。

【实验任务】

1. 根据操作流程掌握表格处理的基本操作步骤。

2. 掌握单元格的选定方法。

【实验内容】

1. 表格处理的基本操作

（1）创建或打开一个 Excel 表格。

（2）输入表格内容（灵活使用自动填充柄进行数据的填充）。

（3）利用公式或函数对表格的数据进行处理。

（4）对表格进行修饰。

（5）根据需要对表格数据进行分析或构建图表。

（6）保存工作簿。

2. 表格处理依旧要注意"先选定，后操作"的原则，选定单元格区域的方法有：

（1）选定一个连续的单元格区域。

① 单击区域左上角的单元格，拖曳鼠标到区域的右下角。

② 单击区域左上角的单元格，按住 Shift 键单击区域右下角的单元格。

（2）选定多个不连续的单元格区域。选定第一个单元格区域，按住 Ctrl 键单击选定其他单元格区域（或单元格）。

（3）选定一行（或一列）。用鼠标单击行标签（或列标签）。

（4）选定连续的多行（或多列）。

① 选定首行（或首列），按住 Shift 键单击末行行标签（或末列列标签）。

② 选定首行（或首列），将鼠标拖曳到末行行标签（或末列列标签）。

（5）选定不连续的多行（或多列）。选定一行（或一列），按住 Ctrl 键单击其他各行行标签（或列标签）。

（6）选定全表。

① 单击"全选"按钮 ◢（工作表左上角）。

② 按 Ctrl+A 键。

6.2　工作表的建立与编辑

Excel 表格中可以接受三类数据：文本数据、数值数据和日期时间数据。正确输入数据，灵活使用自动填充柄进行数据的输入可以使我们达到事半功倍的效果。

6.2.1　实验三　表格的建立

微视频 6-1

表格的建立

【实验目的】

1. 掌握文本数据、数字数据和日期时间型数据的输入方法。

2. 掌握 Excel 表格的保存方法。

3. 掌握自动填充柄的使用方法。

【实验任务】

1. 创建 Excel 新工作簿，输入表格内容，建立表格。

2. 以文件名"E1. xlsx"保存工作簿后关闭窗口。

【实验内容】

1. 实验任务 1 操作步骤

（1）选择"Windows 徽标■"→"Excel"，启动 Excel，在 Excel 启动界面中单击"新建"→"空白工作簿"按钮，创建一个名为"Book1"的新工作簿。

（2）在工作表 Sheet1 中，按照样表（如图 6.4 所示）的要求，输入数据，建立工作表。注意：通常将学号作为文本来输入，首先在单元格中输入一个英文半角的单引号，随后输入学号。学号是一个有规律的文本序列，可以用自动填充柄进行快速填充。方法是：先输入序列的前两项，然后把前两项数据选中，将鼠标移动到选定单元格的右下角黑点处，当鼠标指针形状变成黑色的"+"时，按住鼠标左键往下拖动，填充该序列，如图 6.5 所示。

	A	B	C	D	E
1	学号	姓名	专业	单选题数(2分/道)	多选题数(4分/道)
2	201001001	张培根	建筑学	12	10
3	201001002	贾里	建筑学	11	14
4	201001003	林晓梅	建筑学	17	11
5	201001004	鲁艳青	建筑学	13	7
6	201001005	陈应达	建筑学	18	8
7	201001006	杜波	建筑学	9	12
8	201002001	庄静	土木工程	15	13
9	201002002	张国军	土木工程	10	9
10	201002003	李平	土木工程	14	11
11	201002004	孙瑞	土木工程	20	13
12	平均值				

图 6.4　样表

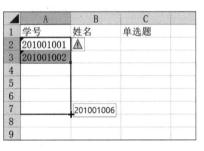

图 6.5　自动填充柄使用示意图

2. 实验任务 2 操作步骤

（1）选择"文件"选项卡→"保存"命令，弹出"另存为"对话框。

（2）单击"浏览"按钮，选择 D 盘，在 D 盘中创建一个名为"Excel"的文件夹，双击打开。

（3）在"保存类型"下拉列表中选择文件类型"Excel 工作簿"。

（4）在"文件名"文本框中输入保存文件名为"E1"。

（5）单击"保存"按钮，如图 6.6 所示。

（6）选择"文件"选项卡→"退出"命令，退出 Excel 2016。

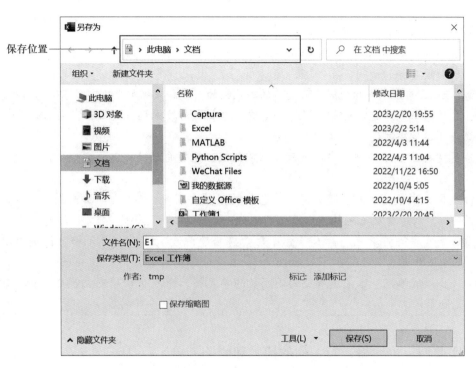

图 6.6 "另存为"对话框

【知识拓展】

1. 数据输入的一般方法

（1）输入文本型数据。

① 汉字、英文、空格等字符直接输入。

② 输入数字字符时，若在数字前加一个英文半角的单引号（即：'+数字），则输入的数字将作为文本来接收，例如，输入学生的学号，应输入'20100101。

③ 文本型数据默认的显示方式为左对齐。

（2）输入数值型数据。

① 负数的输入：在数字前加一个负号"–"。

② 分数的输入：先输入"0"和一个空格，再输入分数（例如，"1/3"，则输入"0 1/3"）。否则，Excel 将把该数据当作日期格式处理，存储为"1 月 3 日"。

③ 数字的位数≥12 位时，以指数形式显示（例如，"1.7E+11"或"1.7e+11"表示 $1.7×10^{11}$）。

④ 数值型数据默认的显示方式为右对齐。

（3）输入日期型数据。

① 日期数据有两种输入格式："yy/mm/dd"和"yy-mm-dd"。例如，2016 年 3 月 25 日可以按照"2016/3/25"或"2016-3-25"的格式来输入。

② 上午时间数据输入格式："hh:mmAM"。

③ 下午时间数据输入格式："hh:mmPM"。

④ 当天日期的输入：按 Ctrl+;键。

⑤ 当前时间的输入：按 Ctrl+Shift+;键。

2. 自动填充柄的使用

使用 Excel 自动填充功能时，被选定的单元格的个数和数据类型决定了不同的填充效果。

（1）复制填充。选定文本数据的单元格，拖曳自动填充柄，完成选定文本的复制。

（2）可扩展序列的填充。

① 选定含有数字字符的字符单元格的前两项，拖曳自动填充柄，完成有规律数字字符序列的填充。

② 选定文本字符（自动填充序列库包含的字符序列），拖曳自动填充柄，完成序列的填充，例如，利用自动填充柄可以填充"星期一、星期二、……"等文本序列。

（3）等差序列的填充。输入等差序列的前两项，选定这两个单元格，拖曳自动填充柄，填充等差序列。

（4）公式的填充。选定填有公式或函数的单元格，拖曳自动填充柄，公式和函数将被复制到其他单元格中。

6.2.2 实验四 单元格、行、列的插入和删除

▶ 微视频 6-2

单元格、行、列
的插入与删除

【实验目的】

1. 掌握单元格的插入与删除方法。

2. 掌握行的插入与删除方法。

3. 掌握列的插入与删除方法。

【实验任务】

1. 打开"E1. xlsx"工作簿，在第一行的上方插入一行，在 A1 单元格中输入表格的标题"某班英语成绩统计表"，将 A1:E1 区域的单元格合并为一个，标题居中放置。

2. 在 B 列和 C 列之间插入一列，输入列标题"专业"，在 C 列对应单元格中输入学生的专业，完成上述操作后，保存文件。

【实验内容】

1. 实验任务 1 操作步骤

（1）打开"E1. xlsx"工作簿，选定第 1 行（单击行标签"1"）。

（2）单击"开始"选项卡→"单元格"选项组→"插入"下拉按钮，在下拉菜单中选择"插入工作表行"命令，即可插入一行。

（3）选定 A1 单元格，输入文本"某班英语成绩统计表"。

（4）选中 A1:E1 单元格区域，单击"开始"选项卡→"对齐方式"选项组→"合并后居中"按钮即可，如图 6.7 所示。

2. 实验任务 2 操作步骤

（1）选定 C 列（单击列标签"C"）。

（2）单击“开始”选项卡→“单元格”选项组→“插入”下拉按钮，在下拉菜单中选择“插入工作表列”命令，即可插入一列。

（3）在 C 列中按照图 6.8 所示填入数据。

（4）完成上述操作后，保存工作簿。

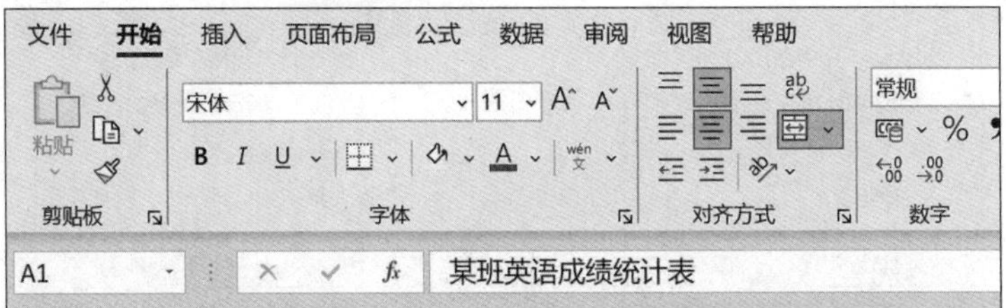

	A	B	C	D	E	F
1	某班英语成绩统计表					
2	学号	姓名	专业	单选题数(2分/道)	多选题数(4分/道)	成绩（分）
3	201001001	张培根	建筑学	12	10	
4	201001002	贾里	建筑学	11	14	
5	201001003	林晓梅	建筑学	17	11	
6	201001004	鲁艳青	建筑学	13	7	

图 **6.7**　合并后居中示意图

	A	B	C	D	E	F
1	某班英语成绩统计表					
2	学号	姓名	专业	单选题数(2分/道)	多选题数(4分/道)	成绩（分）
3	201001001	张培根	建筑学	12	10	
4	201001002	贾里	建筑学	11	14	
5	201001003	林晓梅	建筑学	17	11	
6	201001004	鲁艳青	建筑学	13	7	
7	201001005	陈应达	建筑学	18	8	
8	201001006	杜波	建筑学	9	12	
9	201002001	庄静	土木工程	15	13	
10	201002002	张国军	土木工程	10	9	
11	201002003	李平	土木工程	14	11	
12	201002004	孙瑞	土木工程	20	13	

图 **6.8**　样表示意图

【知识拓展】

1. 单元格、行、列的插入

（1）单元格的插入：选中要插入的单元格，单击“开始”选项卡→“单元格”选项组→“插入”下拉按钮，在下拉菜单中选择“插入单元格”命令，随后在弹出的对话框中选择插入的方式即可，如图 6.9 所示。

（2）行、列的插入：行的插入在选中行的上方进行，列的插入在选中列的左侧进行。进行行、列的插入时，正确选定行号或列号，单击“开始”选项卡→“单元格”选项组→“插入”下拉按钮，在下拉菜单中选择“插入工作表行”或“插入工作表列”命令即可。

2. 单元格、行、列的删除

（1）单元格的删除：选中要删除的单元格，单击“开始”选项卡→“单元格”选项组→“删除”下拉按钮，在下拉菜单中选择“删除单元格”命令，随后在弹出的对话框中选择删除的方式即可，如图 6.10 所示。

（2）行、列的删除：选定行号或列号，单击"开始"选项卡→"单元格"选项组→"删除"下拉按钮，在下拉菜单中选择"删除工作表行"或"删除工作表列"命令即可。

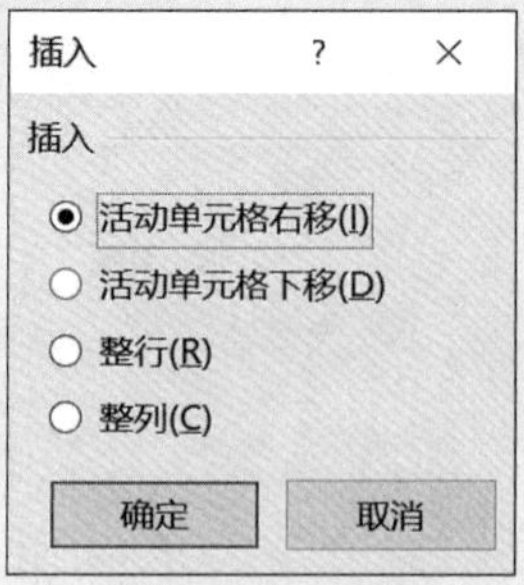

插入　　　　　　　　？　×	删除文档　　　　　　　？　×
插入	删除文档
⦿ 活动单元格右移(I)	⦿ 右侧单元格左移(L)
○ 活动单元格下移(D)	○ 下方单元格上移(U)
○ 整行(R)	○ 整行(R)
○ 整列(C)	○ 整列(C)
确定　　　　取消	确定　　　　取消

图 6.9　"插入"对话框 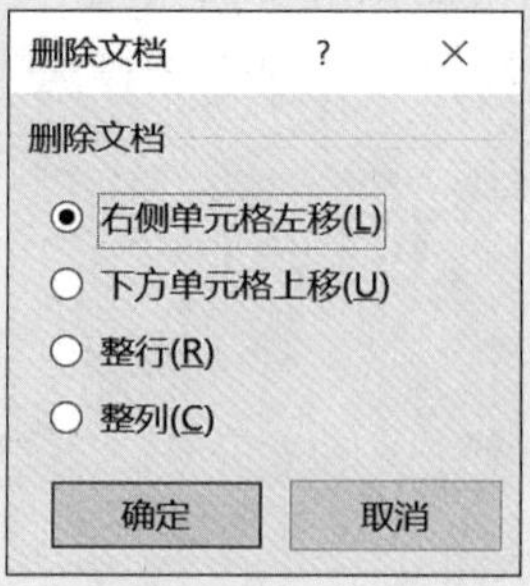　　　　　图 6.10　"删除文档"对话框

6.2.3　实验五　窗口的拆分与冻结

▶微视频 6-3

窗口的拆分与冻结

【实验目的】

掌握窗口的拆分与冻结方法，方便数据的输入和浏览。

【实验任务】

打开"E1. xlsx"工作簿，冻结 A 列和第 1、2 行的数据，上下翻页、左右翻页浏览数据体会窗口冻结的功能。完成上述操作后，取消窗口的拆分与冻结，保存并关闭文件。

【实验内容】

实验任务操作步骤如下：

（1）打开"E1. xlsx"工作簿，将鼠标光标定位在 B3 单元格（选中要拆分行列相交的右下单元格）。

（2）单击"视图"选项卡→"窗口"选项组→"拆分"按钮。出现的效果是：在该单元格的上方线和左边线进行了拆分，将窗口分为了 4 个部分，如图 6.11 所示。

图 6.11　拆分窗格示意图

（3）单击"视图"选项卡→"窗口"选项组→"冻结窗格"下拉按钮，在下拉菜单中选择"冻结拆分窗格"命令，实现窗口的冻结。

（4）单击垂直和水平滚动条，浏览窗口数据。

（5）再次单击"视图"选项卡→"窗口"选项组→"拆分"按钮，可同时取消窗口的拆分和冻结。

（6）保存并关闭工作簿。

【知识拓展】

　1. 冻结窗格

　冻结窗格就是将指定窗格（单元格）所在的行或列进行冻结，用户可以任意查看工作表的其他部分而不移动表头所在的行或列，即冻结线以上或是冻结线以左的数据在进行滚动的时候位置不发生变化，这样能方便用户查看表格末尾的数据。

　2. 冻结窗格的 3 种情况

　（1）冻结拆分窗格：以当前单元格左侧和上方的框线为边界将窗口分为 4 部分，冻结后拖动滚动条查看工作表中的数据时，当前单元格左侧和上方的行和列的位置不变。

　（2）冻结首行：是指冻结当前工作表的首行，垂直滚动查看当前工作表中的数据时，保持当前工作表的首行位置不变。

　（3）冻结首列：是指冻结当前工作表的首列，水平滚动查看当前工作表中的数据时，保持当前工作表的首列位置不变。

6.3　公式和函数的使用

公式和函数是 Excel 2016 的核心，是 Excel 处理数据最重要的工具。对公式和函数的了解越深入，运用 Excel 分析处理数据就越轻松。在公式中结合函数的使用，就能把 Excel 变为功能强大的数据计算和分析工具。

6.3.1　实验六　公式的使用

【实验目的】

1. 掌握公式的编辑方法。

2. 掌握单元格的相对引用、绝对引用和混合引用。

【实验任务】

打开"E1. xlsx"工作簿，表格中单选题每题 2 分，多选题每题 4 分，利用公式计算每名学生的考试成绩，填入 F 列对应的单元格中，完成操作后，保存文件。

微视频 6-4

公式的使用

【实验内容】

实验任务操作步骤如下：

（1）打开"E1. xlsx"工作簿，选定 F3 单元格。

（2）输入公式：=D3*2+E3*4，按 Enter 键完成计算。

（3）选中 F3 单元格，利用自动填充柄，将公式拖曳到 F4:F12 区域，完成所有学生成绩的计算，如图 6.12 所示。

（4）完成上述操作后，保存文件。

VLOOKUP		× ✓ fx	=D3*2+E3*4			
	A	B	C	D	E	F	G
1				某班英语成绩统计表			
2	学号	姓名	专业	单选题数(2分/道)	多选题数(4分/道)	成绩（分）	
3	201001001	张培根	建筑学	12	10	=D3*2+E3*4	
4	201001002	贾里	建筑学	11	14	78	
5	201001003	林晓梅	建筑学	17	11	78	
6	201001004	鲁艳青	建筑学	13	7	54	
7	201001005	陈应达	建筑学	18	8	68	
8	201001006	杜波	建筑学	9	12	66	
9	201002001	庄静	土木工程	15	13	82	
10	201002002	张国军	土木工程	10	9	56	
11	201002003	李平	土木工程	14	11	72	
12	201002004	孙瑞	土木工程	20	13	92	

图 6.12　公式编辑示意图

【知识拓展】

编辑公式时，需要以等号"="作为开头，在一个公式中可以包含有各种运算符、常量、变量、函数以及单元格引用等。

（1）常量的运算，例如，"=5+3"。

（2）单元格引用的运算，例如，"=A1+A3"。

公式中，单元格的引用有3种方式：相对引用、绝对引用和混合引用。

1. 相对引用

相对引用是用单元格名称引用单元格数据的一种方式。例如，在 F3 单元格中的公式"=D3*2+E3*4"中，D3 和 E3 使用的就是相对引用。当编辑的公式复制到其他单元格中时，Excel 能够根据移动的位置自动调整引用的单元格。例如，当公式"=D3*2+E3*4"复制到单元格 F4 中时，公式自动调整为"=D4*2+E4*4"。

2. 绝对引用

绝对引用是指在单元格名称的行号和列号前均加上"$"符号，例如，$A$1。当公式复制到其他单元格时，绝对引用的单元格将不随公式位置的移动而改变单元格的名称。

3. 混合引用

混合引用是指在引用单元格名称时，只在行号或列号前加上"$"符号，其作用是：不加"$"符号的行或列会随着公式的复制而自动进行调整。例如，"$A1"，只对列用绝对引用，而行用相对引用，当公式复制到其他单元格时，单元格名称中列号不会发生改变，行号会自动调整；"A$1"，只对行用绝对引用，而列用相对引用，当公式复制到其他单元格时，单元格名称中行号不会发生改变，列号会自动调整。

6.3.2　实验七　函数的使用

【实验目的】

1. 掌握编辑函数的方法。

2. 掌握常用函数的功能及编辑格式。

【实验任务】

1. 比较编辑函数的两种方法：插入函数法和直接输入法。

2. 查阅常用函数的功能与使用格式。

【实验内容】

编辑函数有两种常用的方法。

1. 使用"插入函数"命令输入函数

方法1：选定单元格，单击"公式"选项卡→"函数库"选项组→"fx 插入函数"按钮，在"插入函数"对话框选择函数。

方法2：选定单元格，单击"公式"选项卡→"函数库"选项组→"∑ 自动求和"下拉按钮，在下拉列表中选择常用函数或选择"其他函数"命令，在弹出的"插入函数"对话框中进行选择。

方法3：选定单元格，单击编辑栏中的"fx"按钮，在弹出的"插入函数"对话框中选择函数。

2. 使用直接输入法输入函数

等号开头，输入函数名及参数（常量、单元格引用），例如，"=SUM(A1,A3)"。

Excel 提供的常用函数如表6.1所示。

表6.1　常用函数

函　　数	格　　式	功　　能
SUM	=SUM(number1,number2,…)	求和
SUMIF	=SUMIF(range,criteria,sum_range)	按指定条件求和
AVERAGE	=AVERAGE(number1,number2,…)	计算所有参数的算术平均值
ABS	=ABS(number)	求绝对值
MOD	=MOD(number,divisor)	计算两数相除的余数（符号与除数相同）
INT	=INT(number)	取整（向上取整）
RAND	=RAND()	生成 0 到 1 之间的随机数
ROUND	=ROUND(number,num_digits)	按指定位数四舍五入
SIN	=SIN(number)	计算正弦函数值
MAX	=MAX(number1,number2)	求最大值
STDEV	=STDEV(number1,number2)	计算标准方差

续表

函　数	格　式	功　能
IF	=IF(logical_test,value_if_true,value_if_false)	按指定条件进行逻辑判断
AND	=AND(logical1,logical1,…)	逻辑与运算
OR	=OR(logical1,logical1,…)	逻辑或运算
NOT	=NOT(logical)	逻辑非运算
COUNT	=COUNT(value1,value2)	统计数值型数据的个数
COUNTA	=COUNTA(value1,value2)	统计数组和单元格区域中非空值的个数
COUNTBLANK	=COUNTBLANK(range)	统计空白单元格的个数
COUNTIF	=COUNTIF(range,criteria)	统计满足条件的单元格的个数
VALUE	=VALUE(text)	将数字字符转换成数值型数据
TEXT	=TEXT(value,format_text)	将数值型数据转换成文本
LEN	=LEN(text)	统计文本中的字符个数
EXACT	=EXACT(text1,text2)	测试两个字符串是否相等
WEEKDAY	=WEEKDAY(serial_number,reture_type)	返回给定日期为星期几
PV	=PV(rate,nper,pmt,pv,fv,type)	返回投资现值
NPV	=NPV(rate,value1,value2,…)	返回投资净现值
PMT	=PMT(rate,nper,pv,fv,type)	返回投资或贷款的等额分期偿还额

6.3.3　实验八　函数操作实例一：SUM 函数和 AVERAGE 函数的使用

【实验目的】

1. 掌握 SUM、AVERAGE 函数的使用方法。

2. 正确使用自动填充柄对函数进行复制。

【实验任务】

打开"E1.xlsx"工作簿，求出单选题、多选题正确的平均数，以及学生的平均成绩，将计算结果分别填入 D13、E13、F13 单元格中，完成上述操作后，保存文件。

微视频 6-5

函数的插入方法 1

【实验内容】

实验任务操作步骤如下：

方法 1：

（1）打开"E1.xlsx"工作簿，选中 D3：D12 单元格区域。

（2）单击"公式"选项卡→"函数"选项组→"∑自动求和"下拉按钮，在下拉菜单中选择"平均值"选项，Excel 计算出结果并自动填入 D13 单元格中。

（3）选定 D13 单元格，向右拖曳自动填充柄，将函数复制到 E13 和 F13 单元格中，如图 6.13 所示。

（4）完成操作后，保存文件。

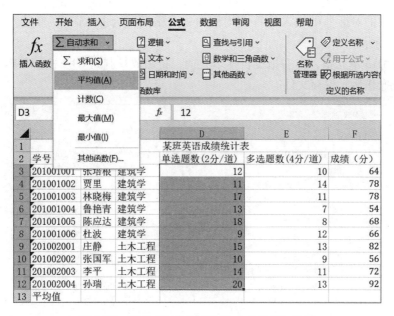

图 6.13 利用"∑自动求和"命令计算示意图

方法 2：

（1）打开"E1. xlsx"工作簿，选定 D13 单元格。

（2）单击"公式"选项卡→"函数库"选项组→"*fx* 插入函数"按钮，弹出"插入函数"对话框，在"或选择类别"下拉列表中选择"全部"选项，在"选择函数"列表中选择"AVERAGE"函数，如图 6.14 所示。

微视频 6-6

函数的插入方法 2

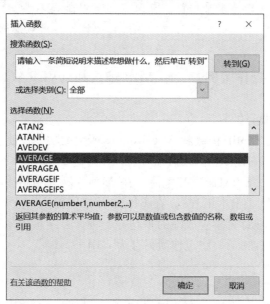

图 6.14 "插入函数"对话框

（3）在弹出的对话框中填入计算平均值的单元格区域为 D3：D12，单击"确定"按钮即可，如图 6.15 所示。

（4）选定 D13 单元格，向右拖曳自动填充柄，将函数复制到 E13 和 F13 单元格中。

（5）完成操作后，保存文件。

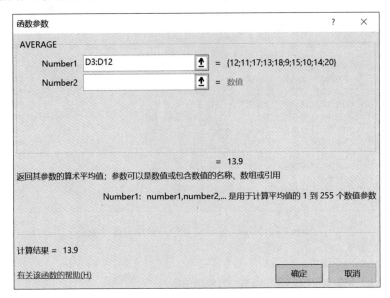

图 6.15　AVERAGE 参数设置对话框

【知识拓展】

　　AVERAGE 函数的功能是求平均值，SUM 函数的功能是求和。SUM 函数的使用方法和 AVERAGE 函数完全一致，正确给出数据的范围，即可计算出该范围数据的和或平均值。

6.3.4　实验九　函数操作实例二：SUMIF 函数和 AVERAGEIF 函数的使用

微视频 6-7

AVERAGEIF
函数操作实例

【实验目的】

掌握 SUMIF 函数和 AVERAGEIF 函数的功能及使用方法。

【实验任务】

打开"E1.xlsx"工作簿，在 A15：A17 单元格区域中分别输入"专业""建筑学""土木工程"；在 B15 单元格中输入"平均分"；利用 AVERAGEIF 函数分专业计算学生成绩的平均分，将计算结果填入 B16：B17 单元格区域中。完成上述操作后，将工作簿另存为"E1-1.xlsx"。

【实验内容】

实验任务操作步骤如下：

（1）打开"E1.xlsx"工作簿，在 A15：A17 单元格区域中分别输入"专业""建筑学""土木工程"；在 B15 单元格中输入"平均分"。

（2）选定 B16 单元格，单击"公式"选项卡→"函数库"选项组→"ƒx 插入函数"按钮，弹出"插入函数"对话框，在"或选择类别"下拉列表中选择"全部"选项，在"选择函数"列表中选择"AVERAGEIF"选项，单击"确定"按钮。

（3）正确设置函数的 3 个参数。

① Range 参数：条件区域，这里应给出"专业"所在区域，输入 $C\$3:\$C\$12，或者将鼠标光标定位在"Range"文本框中，在工作表中拖曳鼠标经过 C3:C12 区域，该区域的范围会自动识别填入"range"参数中，但需要在行号和列号前添加"$"符号，使用单元格的绝对引用。

② Criteria 参数：判定条件，这里应给出学生专业的名称，在此输入"A16"。

③ Average_range 参数：计算平均分的数据区域，输入"$F\$3:\$F\$12"，单击"确定"按钮，完成"建筑学"学生平均分的计算，如图 6.16 所示。

（4）选中 B16 单元格，拖曳自动填充柄，将函数复制到 B17 单元格，完成计算。

（5）完成上述操作后，选择"另存为"命令，将工作簿另存为"E1-1. xlsx"。

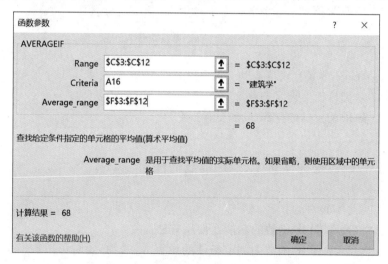

图 6.16　AVERAGEIF 参数设置对话框

【知识拓展】

　　AVERAGEIF 函数的功能是求满足条件的相关数据的平均值，SUMIF 函数的功能是求满足条件的相关数据的和。SUMIF 函数的使用方法和 AVERAGEIF 函数完全一致，正确给出 3 个参数的设置，即可计算出相关结果。

　　SUMIF 和 AVERAGEIF 中只能设置一个计算条件，当有多个计算条件时，可以使用 SUMIFS 和 AVERAGEIFS 函数。使用方法与 AVERAGEIF 相似，正确设置函数参数即可得出计算结果，如图 6.17 所示。

　　参数说明：

　　① Average_range 参数：设置计算平均值的单元格范围。

　　② Criteria_range1 参数：设置条件 1 的区域。

　　③ Criteria1 参数：设置计算条件 1。

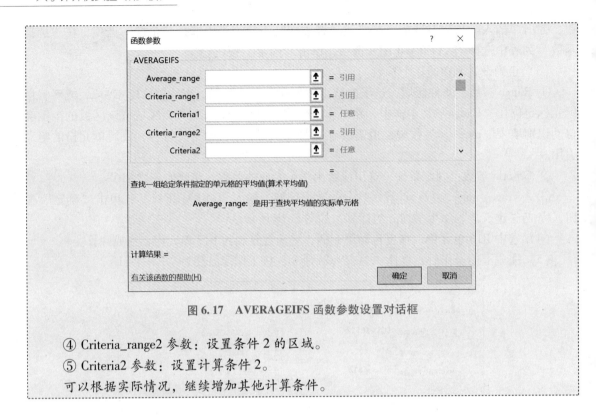

图 6.17　AVERAGEIFS 函数参数设置对话框

④ Criteria_range2 参数：设置条件 2 的区域。

⑤ Criteria2 参数：设置计算条件 2。

可以根据实际情况，继续增加其他计算条件。

6.3.5　实验十　函数操作实例三：IF 函数的使用

微视频 6-8

IF 函数操作实例

【实验目的】

1. 掌握 IF 函数的功能及使用方法。

2. 掌握 IF 函数中判定条件的设置方法，必要时可以嵌套使用其他函数进行条件判断。

3. 掌握 And、Or 逻辑函数的使用方法。

【实验任务】

打开"E1-1.xlsx"工作簿，在 G2 单元格中输入"竞赛资格"，若学生的单选题和多选题均做对 10 题以上（包含 10 题），则在 G3:G12 对应单元格区域中填入"有资格"，否则填入"无资格"，完成上述操作后保存文件。

【实验内容】

实验任务操作步骤如下：

（1）打开"E1-1.xlsx"工作簿，在 G2 单元格中输入"竞赛资格"。

（2）选定 G3 单元格，单击"公式"选项卡→"函数库"选项组→"fx 插入函数"按钮，弹出"插入函数"对话框，在"选择类别"下拉列表中选择"全部"命令，在"选择函数"列表中选择"IF"函数，单击"确定"按钮。

（3）正确设置 IF 函数的 3 个参数。

① Logical_test 参数：该参数设置判定条件。这里要求学生的单选题和多选题均做对 10 题

第 6 章　Excel应用实验

以上（包含 10 题），所以根据要求填入测试条件 And(D3>= 10,E3>= 10)。

　　② Value_if_true 参数：该参数设置判定条件为真时填入单元格的内容。输入"有资格"。

　　③ Value_if_false 参数：该参数设置判定条件为假时填入单元格的内容。输入"无资格"。

完成参数设置后，单击"确定"按钮，如图 6.18 所示。

　　（4）选中 G3 单元格，拖曳自动填充柄，将函数复制到 G4:G12 单元格区域中。

　　（5）完成上述操作后，保存文件。

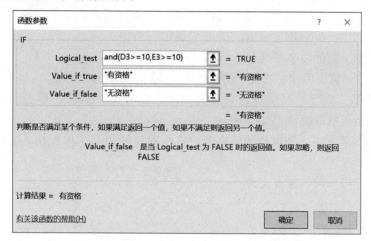

图 6.18　IF 函数参数设置对话框

【知识拓展】

　　在 IF 函数的参数中，第一个参数设置判定条件，如果条件只有一个，则直接给出，例如，D3>= 10；如果条件有两个以上，且这些条件需要同时满足或只需要满足其中一个时，可以使用逻辑函数 And 或 Or 完成判定条件的设置。

　　1. And 函数

　　逻辑与，要求括号里的若干条件需要同时满足，例如，And(D3>= 10,E3>= 10)是指单选题和多选题均做对 10 题以上，结果为"真"，否则为"假"。

　　2. Or 函数

　　逻辑或，要求括号里的若干条件只需满足其中的一个，例如，Or(D3>= 10,E3>= 10)是指单选题或者多选题做对 10 题以上，结果为"真"，否则为"假"。

6.3.6　实验十一　函数操作实例四：COUNTIF 函数的使用

【实验目的】

1. 掌握 COUNT 函数的功能及使用方法。

2. 掌握 COUNTIF 函数的功能及使用方法。

【实验任务】

　　打开"E1-1. xlsx"工作簿，在 D15:D17 单元格区域中分别输入"专业""建筑学""土木工程"；在 E15 单元格中输入"人数"；利用 COUNTIF 函数统

微视频 6-9

COUNTIF 函数操作实例

167

计各专业人数，将统计结果填入 E16:E17 对应单元格中。完成上述操作后，保存文件。

【实验内容】

实验任务操作步骤如下：

（1）打开"E1-1.xlsx"工作簿，在 D15:D17 单元格区域中分别输入"专业""建筑学""土木工程"；在 E15 单元格中输入"人数"。

（2）选定 E16 单元格，单击"公式"选项卡→"函数库"选项组→"fx 插入函数"按钮，弹出"插入函数"对话框，在"或选择类别"下拉列表中选择"全部"选项，在"选择函数"列表中选择"COUNTIF"函数，单击"确定"按钮。

（3）正确设置函数的两个参数。

① Range 参数：需要给出"专业"所在区域，输入 $C$3:$C$12。

② Criteria 参数：需要给出统计的专业名称，在此输入"D16"，单击"确定"按钮，完成"建筑学"学生人数的统计，如图 6.19 所示。

（4）选中 E16 单元格，拖曳自动填充柄，将函数复制到 E17 单元格，完成土木工程专业人数的统计。

（5）完成上述操作后，保存文件。

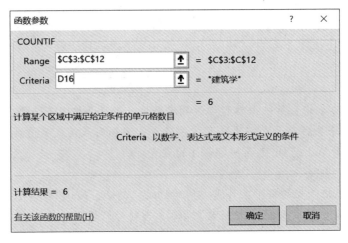

图 6.19 COUNTIF 函数参数设置对话框

【知识拓展】

常用的统计个数的函数有：COUNT、COUNTA、COUNTBLANK、COUNTIF。

（1）COUNT 函数：统计数据型数据的个数。

（2）COUNTA 函数：统计数组和单元格区域中非空值的个数。

（3）COUNTBLANK 函数：统计空白单元格的个数。

（4）COUNTIF 函数：统计满足条件的单元格的个数。

前 3 个函数只需给出统计数据的区域范围即可，COUNTIF 函数除了给出统计数据区域的范围外，还需要正确给出统计的条件。

6.3.7 实验十二 函数操作实例五：RANK 函数的使用

【实验目的】

掌握 RANK 函数的功能及使用方法。

【实验任务】

打开"E1-1.xlsx"工作簿，在 H2 单元格中输入"成绩排名"，利用 RANK 函数按降序计算每个学生的成绩排名，将计算结果填入 H3:H12 对应单元格区域中，完成上述操作后，保存文件。

【实验内容】

实验任务操作步骤如下：

（1）打开"E1-1.xlsx"工作簿，在 H2 单元格中输入"成绩排名"。

（2）选定 H3 单元格，单击"公式"选项卡→"函数库"选项组→"*fx* 插入函数"按钮，弹出"插入函数"对话框，在"或选择类别"下拉列表中选择"RANK"函数，单击"确定"按钮。

（3）正确设置 RANK 函数的 3 个参数：

① Number 参数：该参数设置要查找排名的数字，因此填入"F3"。

② Ref 参数：该参数设置需要排序的数据范围，因此填入"$F$3:$F$12"（说明：为了能使用自动填充柄计算后面的数据，所以该参数必须使用单元格的绝对引用）。

③ Order 参数：该参数设置排序的方式，填入"0"或忽略不填代表降序，填入非零值代表升序。因此，此题中填入"0"或不填。单击"确定"按钮完成 F3 数据的排名计算，如图 6.20 所示。

（4）选中 H3 单元格，拖曳自动填充柄，将函数复制到 H4:H12 单元格区域中。

（5）完成上述操作后，保存文件。

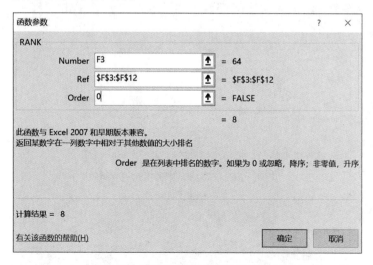

图 6.20 RANK 函数参数设置对话框

【知识拓展】

利用 RANK 函数计算数据的排名和排序是不同的。排序要改变数据在表格中的排列顺序，而 RANK 函数是在不改变数据排列顺序的情况下，计算出数据的排名填入相应单元格中。RANK 函数使用的关键在于3个参数的正确设置。

6.3.8 实验十三 函数操作实例六：常用文本函数的使用

微视频 6-11

文本函数操作
实例

【实验目的】

掌握 LEFT、RIGHT、MID 函数的使用方法。

【实验任务】

打开"E2.xlsx"工作簿，使用公式求出每个活动地点所在的省份或直辖市，并将其填写在"地区"列所对应的单元格中，例如，"北京市""浙江省"。完成操作后，保存文件。提示："活动地点"列的前3个字符就是所在的省份或直辖市。

【实验内容】

实验任务操作步骤如下：

（1）打开"E2.xlsx"工作簿，选定 D3 单元格。

（2）单击"公式"选项卡→"函数库"选项组→"fx 插入函数"按钮，弹出"插入函数"对话框，在"或选择类别"下拉列表中选择"文本"选项，在"选择函数"列表中选择"LEFT"函数，单击"确定"按钮。

（3）正确设置 LEFT 函数的两个参数。

① Text 参数：给出要提取字符的字符串，可以直接给出字符串，也可以给出字符串所在的单元格的名称，这里填入"C3"。

② Num_chars 参数：给出提取的字符数，这里填入"3"，单击"确定"按钮完成计算，如图 6.21 所示。

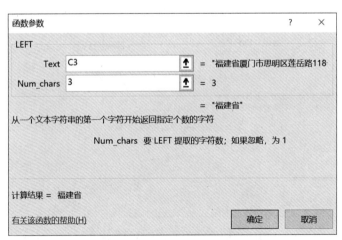

图 6.21 LEFT 函数参数设置对话框

（4）选中 D3 单元格，拖曳自动填充柄，将函数复制到 D4:D17 单元格区域中。

（5）完成上述操作后，保存文件。

【知识拓展】

取出文本中的字符，常用的函数有 LEFT、RIGHT、MID 函数。

（1）LEFT 函数：根据所指定的字符数返回文本字符串中第一个或前几个字符。具有下列参数：

① Text 参数：设置要提取字符的文本字符串，不能缺省。

② Num_chars：指定提取的字符个数，Num_chars 必须大于或等于零。如果省略 Num_chars，则系统默认其值为 1；如果 Num_chars 的值大于文本长度，则 LEFT 函数返回所有字符。

例如，LEFT（"四川省成都市",3），结果为"四川省"。

（2）RIGHT 函数：根据所指定的字符数返回文本字符串中最后一个或多个字符。具有下列参数：

① Text 参数：设置要提取字符的文本字符串，不能缺省。

② Num_chars：指定提取的字符个数，Num_chars 必须大于或等于零。如果省略 Num_chars，则系统默认其值为 1；如果 Num_chars 的值大于文本长度，则 RIGHT 函数返回所有字符。

例如，Right（"四川省成都市",3），结果为"成都市"。

（3）MID 函数：返回文本字符串中从指定位置开始的特定数目的字符，该数目由用户指定。具有下列参数：

① Text 参数：设置要提取字符的文本字符串，不能缺省。

② Start_num 参数：文本中要提取的第一个字符的位置。文本中第一个字符的 Start_num 为 1，以此类推；该参数不能缺省。如果 Start_num 的值大于文本长度，则 MID 返回空文本（""）；如果 Start_num 的值小于文本长度，但 Start_num 加上 Num_chars 超过了文本的长度，则 MID 返回从指定位置开始直到文本末尾的字符。

③ Num_chars 参数：指定从文本中提取的字符个数，不能缺省。

例如，Mid（"四川省成都市",4,2），结果为"成都"。

6.3.9 实验十四 函数操作实例七：VLOOKUP 函数的使用

【实验目的】

掌握 VLOOKUP 函数的功能及使用方法。

【实验任务】

打开"E2.xlsx"工作簿，在"费用报销管理"工作表中依据"费用类别编号"列内容，使用 VLOOKUP 函数，生成"费用类别"列的内容。费用类别编号和费用类别的对照关系参考"费用类别"工作表的内容。完成上述操作后，保存文件。

【实验内容】

实验任务操作步骤如下：

▶微视频 6-12

VLOOKUP 函数操作实例

（1）打开"E2.xlsx"工作簿，选定 F3 单元格。

（2）单击"公式"选项卡→"函数库"选项组→"*fx* 插入函数"按钮，弹出"插入函数"对话框，在"或选择类别"下拉列表中选择"全部"选项，在"选择函数"列表中选择"VLOOKUP"函数，单击"确定"按钮。

（3）正确设置 VLOOKUP 函数的 4 个参数。

① Lookup_value 参数：设置要在"费用类别"工作表第一列中搜索的值，填入"E3"。

② Table_array 参数：设置为"费用类别"工作表中包含有"类别编号"和"费用类别"的数据区域，注意：必须是一块连续区域。将鼠标光标定位在 Table_array 文本框中，单击"费用类别"工作表标签，拖曳鼠标经过 A2 到 B12 的区域，在 Table_array 文本框中出现区域引用"费用类别!A2:B12"，将区域范围改为绝对引用"费用类别!\$A\$2:\$B\$12"。

③ Col_index_num 参数：设置在 Table_array 指定的区域中的第几列数据将选择填入对应的单元格中；这里输入 2，代表将第 2 列"费用类别"的数据填入对应单元格中。

④ Range_lookup 参数：指定在查找时是精确匹配还是模糊匹配，输入"false"，如图 6.22 所示。

（4）完成参数设置后，单击"确定"按钮，在 F3 单元格中计算出结果，拖曳自动填充柄，将函数复制到 F4:F17 单元格区域中。

（5）完成上述操作后，保存文件。

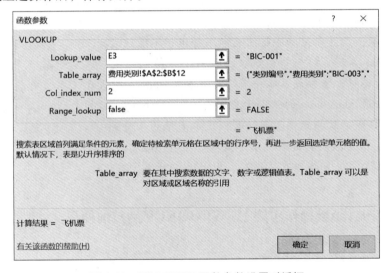

图 6.22　VLOOKUP 函数参数设置对话框

【知识拓展】

VLOOKUP 函数可以将选定区域的值对应填入相应单元格中，需设置以下 4 个参数。

（1）Lookup_value 参数：设置需要在数据表首列搜索的值。Lookup_value 参数可以是值或引用。

（2）Table_array 参数：设置需要在其中搜索数据的数据表单元格区域。可以使用对区域（例如，\$A\$2:\$D\$8）或区域名称的引用，若在两张工作表中进行，则在区域引用前应加上工作表的名称，例如，本实验中填入的"费用类别!$A$2:$B$12"。Table_array 第一列中的值是由 Lookup_value 搜索的值，这些值可以是文本、数字或逻辑值，文本不区分大小写。

（3）Col_index_num 参数。设置满足条件的单元格在数组区域 Table_array 中的列序号。Col_index_num 参数为 1 时，返回 Table_array 第一列中的值；Col_index_num 为 2 时，返回 Table_array 第二列中的值，以此类推。

（4）Range_lookup 参数：指定在查找时是要求精确匹配还是模糊匹配。

① false：代表大致匹配。

② true 或缺省：代表精确匹配。

6.4　工作表的格式化

使用 Excel 创建表格后，还可以对表格进行格式化操作，使其更加美观。Excel 提供了丰富的格式化命令，包括单元格、行、列格式的设置，自动套用格式、条件格式，等等，利用这些命令可以设置工作表的格式，帮助用户创建更加美观的表格。

6.4.1　实验十五　工作表的修饰

【实验目的】

1. 掌握单元格、行、列格式的设置方法。

2. 掌握自动套用格式的使用方法。

【实验任务】

1. 打开"E1.xlsx"工作簿，将 A13:C13 合并成一个单元格，单元格内容居中；"平均值"行的数值保留 2 位小数。

2. 设置表格的标题为宋体，字号为 18 磅，表格各行为楷体，字号为 12 磅；设置表格标题及表格所有单元格内容水平居中、垂直居中；表格外框线为双实线，内框线为单实线。

3. 将表格各行各列调整为最适合的行高和列宽。

4. 设置表格所在页纸张大小为 A4，表格在页面水平居中对齐。完成上述操作后，将工作簿另存为"E1-2.xlsx"。

5. 打开"E1.xlsx"工作簿，将工作表 Sheet1 重命名为"英语成绩统计表"，设置表格的格式为套用表格样式的"玫瑰红-表样式浅色 3"，并将工作簿另存为"E1-3.xlsx"。

【实验内容】

1. 实验任务 1 操作步骤

（1）打开"E1.xlsx"工作簿，选中 A13:C13 单元格区域，单击"开始"选项卡→"对齐方式"选项组→"合并后居中"按钮，完成单元格的合并及居中操作。

（2）选中 D13:F13 单元格区域，单击"开始"选项卡→"单元格"选项

微视频 6-13

表格格式的设置

组→“格式”下拉按钮，在下拉菜单中选择“设置单元格格式”命令；在弹出的“设置单元格格式”对话框中选择“数字”选项卡，在“分类”列表中选择“数值”选项，调整小数位数为“2”；单击“确定”按钮完成设置，如图 6. 23 所示。

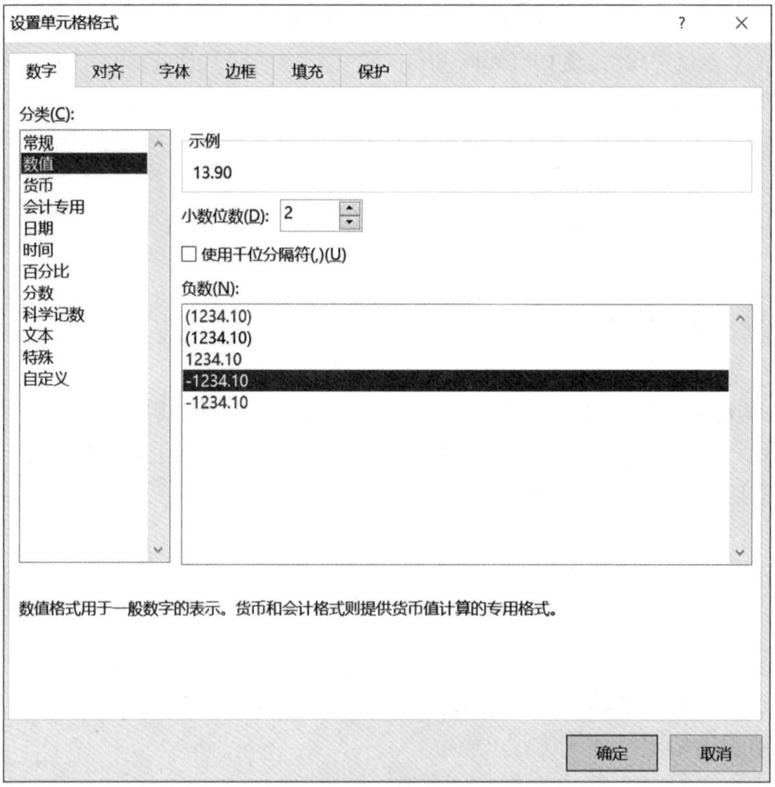

图 6. 23 “数字”选项卡

微视频 6-14

表格样式的套用

2. 实验任务 2 操作步骤

（1）选中表格的标题，在“开始”选项卡→“字体”选项组中选择字体为“宋体”，字号为“18 磅”。

（2）选中 A2:F13 单元格区域（单击 A2 单元格，按住 Shift 键单击 F13 单元格，即可选中该区域）；单击“开始”选项卡→“单元格”选项组→“格式”下拉按钮，在下拉菜单中选择“设置单元格格式”命令。

（3）在弹出的“设置单元格格式”对话框中选择“对齐”选项卡，在“文本对齐方式”选项组中，选择“水平对齐”为“居中”，“垂直对齐”为“居中”，如图 6. 24 所示。单击“字体”选项卡，设置字体为“楷体”，字号为“12 磅”。选择“边框”选项卡，选择线条样式为双实线后单击“外框线”按钮，选择线条样式为单实线后单击“内部”按钮。单击“确定”按钮完成设置，如图 6. 25 所示。

3. 实验任务 3 操作步骤

（1）选中 A2:F13 单元格区域，单击“开始”选项卡→“单元格”选项组→“格式”下拉按钮，在下拉菜单中选择“自动调整行高”命令完成最适合行高的设置。

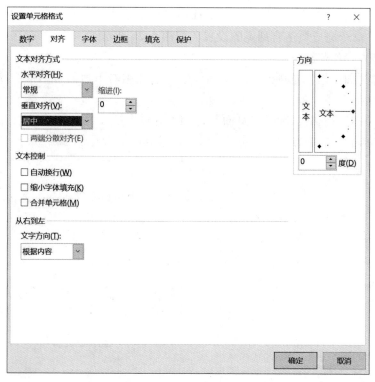

图 6.24　"对齐"选项卡

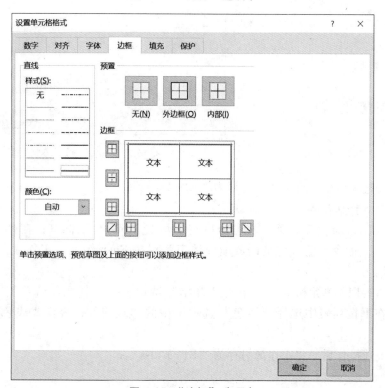

图 6.25　"边框"选项卡

（2）单击"开始"选项卡→"单元格"选项组→"格式"下拉按钮，在下拉菜单中选择"自动调整列宽"命令完成最适合列宽的设置，如图6.26所示。

4．实验任务4操作步骤

（1）单击"页面布局"选项卡→"页面设置"选项组右下角的对话框启动器按钮，打开"页面设置"对话框。

（2）在弹出的对话框中，选择"页面"选项卡，设置纸张大小为"A4"，选择"页边距"选项卡，选中"水平"居中方式，单击"确定"，如图6.27所示。

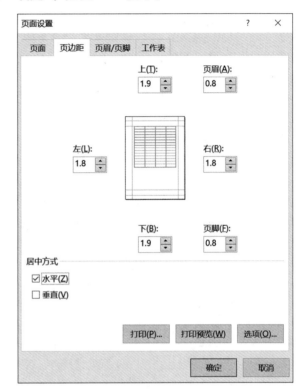

图6.26　行高、列宽的设置　　　　图6.27　"页面设置"对话框

（3）完成上述操作后，将工作簿另存为"E1-2. xlsx"。

5．实验任务5操作步骤

（1）打开"E1. xlsx"工作簿，右击窗口左下角的"Sheet1"标签；在弹出的快捷菜单中选择"重命名"命令，输入"英语成绩统计表"后按Enter键完成工作表的重命名操作，如图6.28所示。

（2）选中A2:F13单元格区域，单击"开始"选项卡→"样式"选项组→"套用表格格式"按钮，在下拉列表中选择"浅色"选项组中的"玫瑰红，表样式浅色3"样式，如图6.29所示。

（3）完成上述操作后，将工作簿另存为"E1-3. xlsx"。

图 6.28　工作表重命名

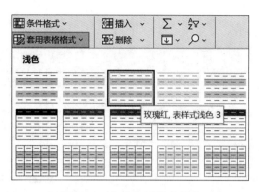

图 6.29　表格套用格式样本

【知识拓展】
　　对于工作表的格式化，主要包括单元格、行、列和页面格式的设置。其中单元格格式较为繁杂，设置包括数据类型、文本的对齐方式、字体、单元格的边框和底纹等。操作时仍然要注意"先选定，后操作"的原则，选中相关单元格，打开设置"单元格格式"对话框，选择对应的选项卡，完成相关格式的设置。

6.4.2　实验十六　条件格式的设置

条件格式的设置

【实验目的】
掌握条件格式的设置方法。
【实验任务】
　　打开"E1-2.xlsx"工作簿，设置 D3:D12 单元格区域为"绿色数据条"渐变填充，E3:E12 单元格区域为"红色数据条"实心填充，将成绩低于 60 分的数据颜色设置为红色。完成上述操作后，保存文件。
【实验内容】
实验任务操作步骤如下：
　　（1）打开"E1-2.xlsx"工作簿，选中 D3:D12 单元格区域，单击"开始"选项卡→"样式"选项组→"条件格式"下拉按钮，在下拉菜单中选择"数据条"选项组中的"绿色数据条"渐变填充即可。
　　（2）选中 E3:E12 单元格区域，单击"开始"选项卡→"样式"选项组→"条件格式"下拉按钮，在下拉菜单中选择"数据条"选项组中的"红色数据条"实心填充即可，如图 6.30所示。
　　（3）选中 F3:F12 单元格区域，单击"开始"选项卡→"样式"选项组→"条件格式"下拉按钮，在下拉菜单中选择"突出显示单元格规则"选项组中的"其他规则"命令，在弹出的对话框中选择规则类型为"只为包含以下内容的单元格设置格式"，在"编辑规则说明"

中选择"单元格值"选项，规则为"小于"，设置值为"60"，单击"格式"按钮，将文字颜色设置为标准色"红色"，单击"确定"按钮，如图6.31所示。

图6.30 "条件格式"下拉菜单　　　　　图6.31 "新建格式规则"对话框

（4）完成上述操作后，保存文件。

6.5 数据分析

Excel提供了多种方法从数据清单中取得有用的数据：利用数据的排序，可以重新整理数据，使用户从不同的角度观察数据；利用数据的筛选，可以将表中指定的数据提取出来；利用分类汇总的方法，既可以统计数据，也可以显示或隐藏数据。

6.5.1 实验十七　数据的筛选

【实验目的】

1. 掌握自动筛选的操作方法。

2. 掌握高级筛选的操作方法。

【实验任务】

1. 打开"E3.xlsx"工作簿，利用自动筛选，筛选出计算机图形学成绩在90分（包含90）以上的数据，完成操作后保存为"E3-1.xlsx"。

2. 打开"E3.xlsx"工作簿，在第1行前面插入3个空行作为条件区域，利用高级筛选，筛选出计算机图形学成绩在90分（包含90）以上的数据，完成操作后保存为"E3-2.xlsx"。

3. 打开"E3-1.xlsx"和"E3-2.xlsx"工作簿，比较自动筛选和高级筛选的结果，进一步了解两种数据筛选的操作方式。

【实验内容】

1. 实验任务 1 操作步骤

微视频 6-16
自动筛选操作实例

（1）打开"E3. xlsx"工作簿，单击任意一个有数据的单元格。

（2）单击"数据"选项卡→"排序和筛选"选项组→"筛选"按钮，在表格第一行列标题的每一个单元格中会出现下拉按钮。

（3）单击 D1 单元格"课程名称"下拉按钮，在下拉菜单中取消勾选其他课程，只保留"计算机图形学"，单击"确定"按钮，如图 6.32 所示。

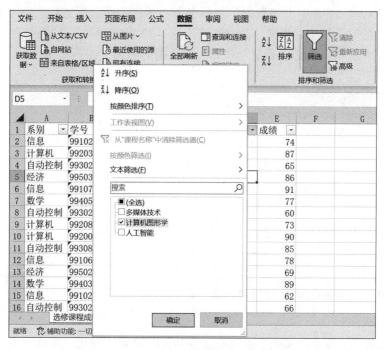

图 6.32 文本型数据筛选条件的设置

（4）单击 E1 单元格"成绩"下拉按钮，在下拉菜单中选择"数字筛选"选项组→"大于或等于"选项，在弹出的对话框中，设置数字筛选的条件为："大于或等于"90，单击"确定"按钮，如图 6.33 所示。

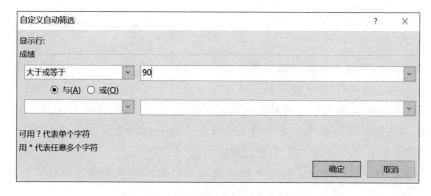

图 6.33 数字型数据筛选条件的设置

（5）完成上述操作后，将工作簿另存为"E3-1.xlsx"。

微视频 6-17

高级筛选操作
实例

2. 实验任务 2 操作步骤

（1）打开"E3.xlsx"工作簿，选中第一行（单击行号 1）。

（2）单击 3 次"开始"选项卡→"单元格"选项组→"插入"按钮，插入 3 个空行。

（3）在 D1、D2 单元格中分别填入"课程名称""计算机图形学"；在 E1、E2 单元格中分别填入"成绩"">=90"。

（4）选中 A4 单元格，单击"数据"选项卡→"排序和筛选"选项组→"高级"按钮。

（5）在弹出的对话框中，设置"列表区域"为"$A$4:$E$33"、"条件区域"为"$D$1:$E$2"，如图 6.34 所示，单击"确定"按钮完成数据的筛选，如图 6.35 所示。

图 6.34 "高级筛选"对话框

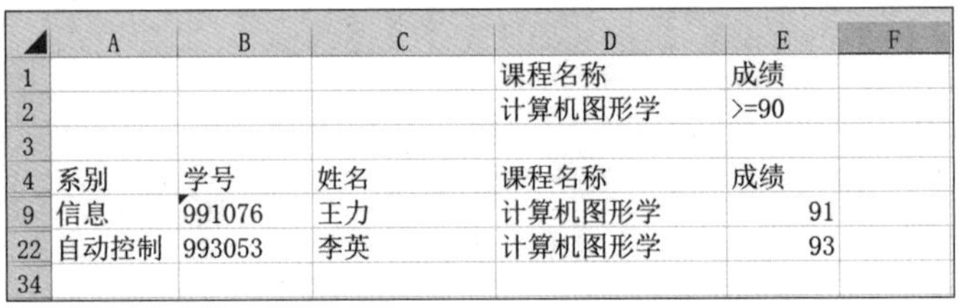

▲	A	B	C	D	E	F
1				课程名称	成绩	
2				计算机图形学	>=90	
3						
4	系别	学号	姓名	课程名称	成绩	
9	信息	991076	王力	计算机图形学	91	
22	自动控制	993053	李英	计算机图形学	93	
34						

图 6.35 高级筛选后的结果

（6）完成上述操作后，将工作簿另存为"E3-2.xlsx"。

【知识拓展】

在实际应用中，常常涉及更复杂的筛选条件，利用自动筛选已无法完成，这时需要使用高级筛选，高级筛选的操作步骤归纳如下。

（1）选定存放数据清单的工作表中的某个空白单元格区域。

（2）在该区域设置筛选条件。该条件区域至少为两行，第一行为字段名行（即数据表的第一行单元格的内容），以下各行为相应的条件值。

（3）单击数据清单中的任一单元格。

（4）单击"数据"选项卡→"排序和筛选"选项组→"高级"按钮，弹出"高级筛选"对话框。

（5）在"方式"选项组中，根据需要选择相应的选项。

（6）在"列表区域"框中指定要筛选的数据区域。可以直接在该文本框中输入区域引用，也可以用鼠标在工作表中选定数据区域。

（7）在"条件区域"框中指定含筛选条件的区域。可以直接在此文本框中输入区域引用，也可以用鼠标在工作表中选定条件区域。

（8）如果在筛选过程中要丢掉重复的记录，应勾选"选择不重复的记录"复选框。

（9）单击"确定"按钮，完成高级筛选。

6.5.2　实验十八　数据的排序

微视频 6-18

数据的排序操作实例

【实验目的】

1. 掌握排序的操作方法。

2. 掌握排序条件的设置方法。

【实验任务】

打开"E3.xlsx"工作簿，按照主要关键字为"系别"，次要关键字为"学号"，对数据表进行升序排列，完成操作后，将工作簿另存为"E3-3.xlsx"。

【实验内容】

实验任务操作步骤如下：

（1）打开"E3.xlsx"工作簿，选中 A1:E30 单元格区域，单击"数据"选项卡→"排序和筛选"选项组→"排序"按钮，弹出"排序"对话框。

（2）在对话框的"主要关键字"下拉列表中选择"系别"选项，设置"次序"为"升序"。

（3）单击"添加条件"按钮，在"次要关键字"下拉列表中选择"学号"选项，设置"次序"为"升序"。

（4）完成设置后，单击"确定"按钮，如图 6.36 所示。

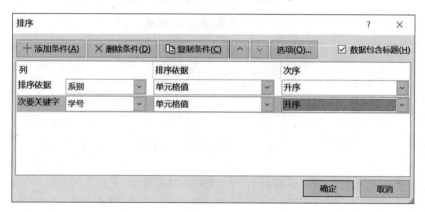

图 6.36　排序条件设置对话框

6.5.3　实验十九　分类汇总

微视频 6-19

分类汇总操作实例

【实验目的】

1. 掌握分类汇总的操作方法。

2. 掌握分类汇总结果的浏览方式。

【实验任务】

打开"E3.xlsx"工作簿，利用分类汇总，统计各门课程的平均分，将结果另存为"E3-

4. xlsx"。

【实验内容】

实验任务操作步骤如下：

（1）打开"E3.xlsx"工作簿，选中 A1:E30 单元格区域，单击"数据"选项卡→"排序和筛选"选项组→"排序"按钮，弹出"排序"对话框。

（2）在对话框的"主要关键字"下拉列表中选择"课程名称"选项，设置"次序"为"升序"，单击"确定"按钮完成排序。

（3）仍然选中 A1:E30 单元格区域，单击"数据"选项卡→"分级显示"选项组→"分类汇总"按钮，弹出"分类汇总"对话框。

（4）在对话框中，设置"分类字段"为"课程名称"，"汇总方式"为"平均值"，"选定汇总项"为"成绩"，完成设置后单击"确定"按钮，如图 6.37 所示。

图 6.37 "分类汇总"对话框

（5）完成上述操作后，将工作簿另存为"E3-4.xlsx"。

【知识拓展】

Excel 提供的分类汇总功能可以帮助用户对数据表的某列数据提供诸如"求和"和"均值"之类的汇总函数，实现对分类汇总值的计算，而且将计算结果分级显示出来。

在执行分类汇总命令之前，首先应按照分类字段对数据表进行排序，将数据表中关键字相同的一些记录集中在一起。例如，本实验中，按课程分类汇总，所以先按照"课程名称"进行数据排序。对数据表排序之后，才能对记录进行分类汇总。

在显示分类汇总结果的同时，分类汇总表的左侧自动显示一些分级显示按钮，利用这些分级显示按钮可以控制数据的显示。按钮的功能如表 6.2 所示。

表 6.2 分级显示按钮的功能

图 示	名 称	功 能
+	显示细节按钮	单击此按钮可以显示分级显示信息
−	隐藏细节按钮	单击此按钮可以隐藏分级显示信息
1	级别按钮	单击此按钮只显示总的汇总结果，即总计数据
2	级别按钮	单击此按钮则显示部分数据及其汇总结果
3	级别按钮	单击此按钮显示全部数据

如果要取消分类汇总的显示结果，恢复到数据清单的初始状态，在"分类汇总"对话框中，单击"全部删除"按钮，即可清除分类汇总。

6.5.4 实验二十 数据透视表的建立

微视频 6-20

数据透视表的建立

【实验目的】

掌握数据透视表的建立方法。

【实验任务】

打开"E3.xlsx"工作簿，对数据表建立数据透视表，按系别统计各门课程的平均分，结果显示在 G3:K10 单元格区域中，完成操作后，将工作簿另存为"E3-5.xlsx"。

【实验内容】

实验任务操作步骤如下：

（1）打开"E3.xlsx"工作簿，选中 G3 单元格，单击"插入"选项卡→"表格"选项组→"数据透视表"按钮，弹出"来自表格或区域的数据透视表"对话框，如图 6.38 所示。

（2）在"选择表格或区域"下的文本框中输入区域引用"\$A\$1:\$E\$30"，或使用鼠标在工作表中选定该数据区域用以指定"表1区域"。

（3）在"选择放置数据透视表的位置"选项组中，自动识别出当前鼠标光标的位置"G3"，如图 6.38 所示，单击"确定"按钮，弹出"数据透视表字段列表"窗格。

（4）在"选择要添加到报表的字段"列表中，按住鼠标左键拖动"系别"字段到"行标签"列表框，将"课程名称"字段拖曳到"列标签"列表框，将"成绩"字段拖曳到"数值"列表框中，单击"求和项：成绩"下拉按钮，在下拉菜单中选择"值字段设置"选项，在弹出的对话框中，将汇总方式改为"平均值"，单击"确定"按钮，如图 6.39 所示，最后的设置结果如图 6.40 所示。

（5）完成上述设置后，关闭"数据透视表字段列表"窗格，即可在 G3:K10 单元格区域看到统计结果。将工作簿另存为"E3-5.xlsx"。

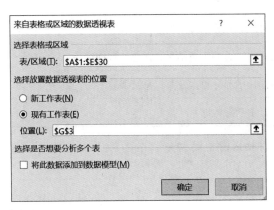

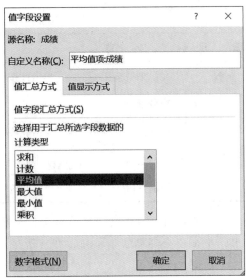

图 6.38　单击"数据透视表"按钮后弹出的对话框　　图 6.39　值字段汇总方式设置对话框

图 6.40　数据透视表各参数设置示意图

6.6 数据图表

数据图表是依据选定的工作表单元格区域内的数据按照一定的数据系列而生成的，它是工作表数据的图形表示方法。与工作表相比，图表更能形象地反映出数据的对比关系及趋势，利用图表可以将抽象的数据形象化，使得数据更加直观。当数据源发生变化时，图表中对应的数据会自动更新。

6.6.1 实验二十一 图表的构建

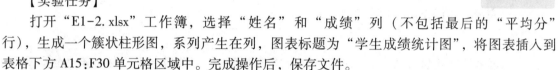

微视频 6-21

图表的建立

【实验目的】

1. 掌握图表的构建方法。

2. 了解图表的组成元素。

【实验任务】

打开"E1-2.xlsx"工作簿，选择"姓名"和"成绩"列（不包括最后的"平均分"行），生成一个簇状柱形图，系列产生在列，图表标题为"学生成绩统计图"，将图表插入到表格下方 A15:F30 单元格区域中。完成操作后，保存文件。

【实验内容】

实验任务操作步骤如下：

（1）打开"E1-2.xlsx"工作簿，按住 Ctrl 键拖曳鼠标选中 B2:B12 和 F2:F12 单元格区域。

（2）单击"插入"选项卡→"图表"选项组→"柱形图"下拉按钮，在下拉菜单中单击"簇状柱形图"图表样式图标即可在工作表中插入图表。

（3）单击图表标题，将鼠标光标定位在标题中，将图表标题改为"学生成绩统计图"。

（4）图例中显示的是"成绩（分）"，是成绩列的标题，说明图表系列产生在列，不用再做调整，如图 6.41 所示。若单击"图表工具"功能区→"设计"选项卡→"数据"选项组→"切换行/列"按钮，图表中的柱形图会发生改变，此时图例中显示的是学生姓名，是每行数据的行标题，说明此时图表系列产生在行，如图 6.42 所示。

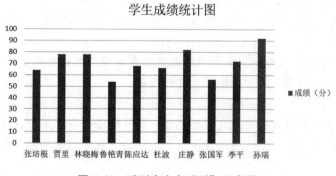

图 6.41 系列产生在"列"示意图

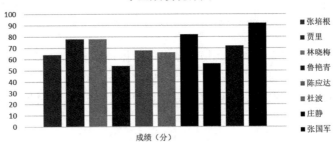

图 6.42　系列产生在"行"示意图

（5）拖曳并调整图表大小，将其放入 A15:F30 单元格区域（选中图表后，图表4个角和4条边的中点都有控制点，将鼠标光标指向控制点，待光标形状变成双向箭头后拖曳即可调整图表大小）。

（6）完成上述操作后，保存文件。

【知识拓展】

　　Excel 提供了丰富的图表样式用于数据的图形表示，每种图表类型又包含若干个子图表类型，不同的图表类型通常可适用不同特性的数据，可以依照具体情况选用不同的图表。下面主要介绍几种常用的标准类型图表以及它们在表现数据时的特点。

　　1. 柱形图

　　柱形图是 Excel 默认的图表类型，用长条显示数据点的值。在柱形图中，一般把分类项在横轴（X轴）上标出，把数据的大小在竖轴（Y轴）上标出。

　　2. 条形图

　　条形图类似于柱形图，主要强调各个数据项之间的差别情况。

　　3. 折线图

　　折线图是将同一系列的数据在图中表示成点并用直线连接起来，适用于显示某段时间内数据的变化及其变化趋势。

　　4. 饼图

　　饼图是把一个圆面划分为若干个扇形面，每个扇面代表一项数据值。饼图只适用于单个数据系列间各数据的比较，显示数据系列中每一项占该系列数值总和的比例关系。

　　5. XY 散点图

　　XY 散点图用于比较几个数据系列中的数值，或者将两组数值显示为 XY 坐标系中的一个系列。它可按不等间距显示出数据，有时称为簇。

　　6. 面积图

　　面积图是将每一系列数据用直线段连接起来，并将每条线以下的区域用不同颜色填充。面积图强调幅度随时间的变化，通过显示所绘数据的总和，说明部分和整体的关系。

7. 圆环图

圆环图与饼图类似，也用来显示部分与整体的关系，但圆环图可以含有多个数据系列，它的每一环代表一个数据系列。

8. 雷达图

雷达图是由一个中心向四周辐射出多条数值坐标轴，每个分类都拥有自己的数值坐标轴，并由折线将同一系列中的值连接起来。

9. 曲面图

曲面图在寻找两组数据之间的最佳组合很有用。类似于拓扑图形，曲面图中的颜色和图案用来指示出在同一取值范围内的区域。

10. 气泡图

气泡图是一种特殊类型的 XY 散点图。气泡的大小可以表示数据组中数据的值，气泡越大，数据值就越大。在组织数据时，将 X 值放置在一行或列中，然后在相邻行或列中输入相关的 Y 值和气泡大小。

11. 股价图

股价图通常是用来描绘股票价格走势，也可以用于处理其他数据，例如，随温度变化的数据。

6.6.2　实验二十二　图表的格式化

图表格式的设置

【实验目的】

1. 掌握图表各种标签的设置方法。
2. 掌握坐标轴格式的设置方法。
3. 掌握绘图区格式的设置方法。

【实验任务】

打开"E1-2.xlsx"工作簿，为图表添加横坐标轴标题"姓名"，纵坐标轴标题"成绩"；在图表上方显示图例；在每个柱形图的数据标签外显示学生的成绩数据；增加次要横网格线；用"水绿色，强调文字颜色 5，淡色 60%"样式填充数据系列，完成上述操作后，保存文件。

【实验内容】

实验任务操作步骤如下：

（1）打开"E1-2.xlsx"工作簿，选中图表。

（2）单击"图表设计"选项卡→"图表布局"选项组→"添加图表元素"下拉按钮，在下拉菜单中选择"坐标轴标题"→"主要横坐标轴"选项，图表中出现坐标轴标题文本框，单击文本框，将文字改为"姓名"。

（3）单击"图表设计"选项卡→"图表布局"选项组→"添加图表元素"下拉按钮，在下拉菜单中选择"坐标轴标题"→"主要纵坐标轴"选项，图表中出现坐标轴标题文本框，单击文本框，将文字改为"成绩"。

（4）单击"图表设计"选项卡→"图表布局"选项组→"添加图表元素"下拉按钮，在下拉菜单中选择"图例"→"顶部"选项，将图例放置在图表上方。

（5）单击"图表设计"选项卡→"图表布局"选项组→"添加图表元素"下拉按钮，在下拉菜单中选择"数据标签"→"数据标签外"选项，即可将学生成绩数据显示在图表中。

（6）单击"图表设计"选项卡→"图表布局"选项组→"添加图表元素"下拉按钮，在下拉菜单中选择"网格线"→"主轴次要水平网格线"选项。

（7）右击图表中的数据系列，在弹出的快捷菜单中选择"设置数据系列格式"，选项在弹出的"设置数据系列格式"窗格中，在"填充"选项区域选择"纯色填充"选项，单击填充颜色图标旁的下拉按钮，在颜色下拉列表中选择"水绿色，个性色5，淡色60%"样式（鼠标指向颜色时，会自动出现颜色的说明），如图6.43所示；

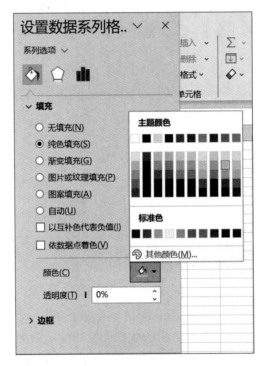

图6.43 "设置数据系列格式"窗格

（8）完成上述操作后，保存文件。

【知识拓展】

图表的组成元素很丰富，有图表区、绘图区、坐标轴、图例、图表标题、坐标轴标题、数据系列，等等，如图6.44所示。选中不同的对象利用功能区的相关命令可以对图表格式进行调整；也可以利用鼠标右键快捷菜单中命令进行格式调整，做出令人赏心悦目的图表。

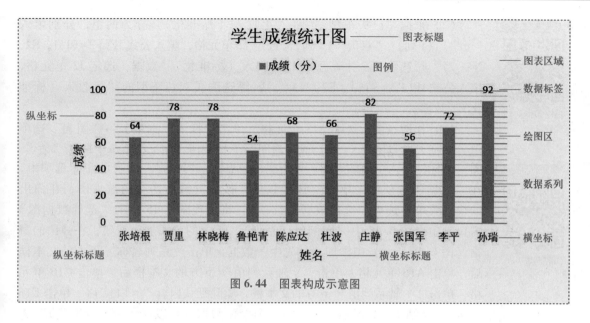

图 6.44　图表构成示意图

6.7　机器学习与人工智能初步

机器学习是人工智能的一个分支，是实现人工智能的途径之一。机器学习算法从数据中分析获得规律，并利用规律对未知数据进行预测。本节中的实验利用最近邻算法演示聚类分析，将数据对象分为两个子集，并对新数据所在子集进行预测；在 Excel 中模拟神经网络的训练过程。

6.7.1　实验二十三　使用最近邻算法进行数据分类与预测

【实验目的】

1. 在 Excel 环境下掌握如何对数值进行归一化。

2. 掌握数据点间"相似度"的定义方式。

3. 了解最近邻算法的基本原理，并用该算法实现数据分类与预测。

【实验任务】

打开"E4.xlsx"工作簿，对虚拟购车数据进行标准化。使用标准化数据作散点图，初步定性预测"林先生"购买车型；使用欧几里得距离定义标准化数据间的相似度，定量预测"林先生"购买车型。完成上述操作后，保存并关闭文件。

【实验内容】

（1）原始数据标准化。打开"E4.xlsx"工作簿，使用函数 AVERAGE 计算"年龄""年收入"的均值，将计算结果分别填入 B13、D13 单元格。使用函数 STDEV 计算"年龄""年收入"的标准差，将计算结果分别填入 B14、D14 单元格。按照算式"标准化年龄 =（年龄−年龄平均值）/年龄标准差"计算标准化年龄，将计算结果填入"年龄（标准化）"所列列。以类似的方式计算"年收入（标准化）"以及标准化"林先生"相关数据。

▶微视频 6-23

数据归一化

根据条件对数
据分组

作散点图

（2）根据"已买车型"，将"年收入（标准化）"分为两组，分别填入"金牛"（I 列）、"双鱼"（J 列）。选定 I2 单元格，填入公式 IF(F2 = $I$1, E2, NA())，筛选购买金牛车型的"年收入（标准化）"数据；选定 J2 单元格，填入公式 IF(F2 = $J$1, E2, NA())，筛选购买双鱼车型的"年收入（标准化）"数据。

（3）作散点图。选中 A18 单元格，单击"插入"选项卡→"图表"选项组→"插入散点图（X、Y）或气泡图"下拉按钮，在下拉菜单中单击"散点图"图标，插入空白散点图。单击空白散点图，切换到"图表设计"选项卡，在"数据"选项组中单击"选择数据"按钮（或右击空白散点图，在弹出的快捷菜单中选择"选择数据"选项），将出现图 6.45 所示"选择数据源"窗口，单击图 6.45 中"图例项（系列）"下方的"添加"按钮，在弹出的窗格（图 6.46 所示）中添加"林先生"数据，单击"系列名称"下方的文本框后，单击 A16 单元格，单击"X 轴系列值"下方的文本框后，单击 C16 单元格，单击"Y 轴系列值"下方的文本框，删除默认内容"={1}"后，单击 E16 单元格，得到图 6.47 所示结果；以类似方式添加"金牛"数据点（以"年龄（标准化）"为"X 轴系列值"，"金牛"为"Y 轴系列值"）；以类似方式添加"双鱼"数据点（以"年龄（标准化）"为"X 轴系列值"，"双鱼"为"Y 轴系列值"）。

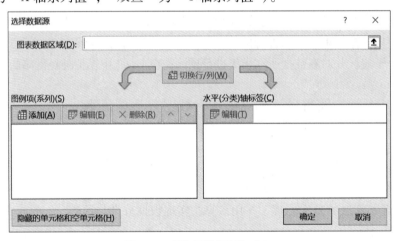

图 6.45 "选择数据源"窗口

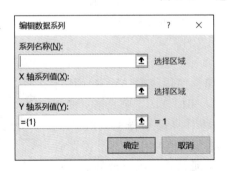

图 6.46 "编辑数据系列"（默认对话框）

图 6.47 "编辑数据系列"窗口（添加数据）

（4）修饰散点图（参照6.6节）。为散点图添加"主要横坐标轴"，名称为"年龄（标准化）"；为散点图添加"主要纵坐标轴"，名称为"年收入（标准化）"；为散点图增加图例。最终效果如图6.48所示。

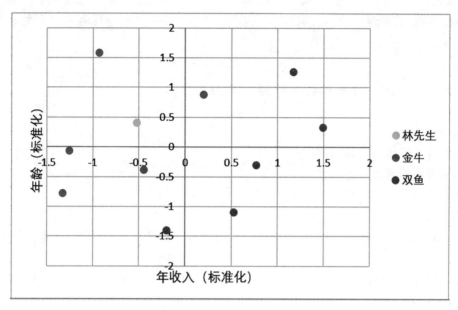

图 6.48　既往购买数据及预测数据散点图

（5）观察散点图中"金牛""双鱼"以及"林先生"数据点分布，预测林先生购买车型为"金牛"。

（6）定义、计算相似度。将"年龄（标准化）"作为 x 坐标，"年收入（标准化）"作为 y 坐标，定义"相似度"为数据点间的欧几里得距离，即林先生(x_0, y_0)，到其他数据点(x, y)的距离为$\sqrt{(x-x_0)^2 + (y-y_0)^2}$。选定G2单元格，输入公式SQRT（（\$C\$16-C2)^2+(\$E\$16-E2)^2)，自动填充G3：G11。

微视频 6-26

计算数据点间的距离

（7）根据最近数据点定量预测"林先生"购买车型。选定 F16 单元格，输入公式 INDIRECT（ADDRESS（MATCH（MIN(G1:G11)，G1:G11,0)，6))。注意到返回结果为"金牛"，即预测林先生购买车型为"金牛"。

（8）完成上述操作后，保存文件。

微视频 6-27

定量预测

【知识拓展】

使用 IF 函数将"年收入（标准化）"列中的数据分为两类，将分类后的数据分别填入"金牛""双鱼"列中。在 I2 单元格内填入函数"IF（F2=\$I\$1，E2，NA（）)"筛选"金牛"数据，即当 F2 等于\$I\$1时，返回 E2，否则返回 NA，后续以 I 列数据为 y 坐标作散点图时，值为 NA 的数据会被自动忽略，从而使得"金牛""双鱼"数据将以不同的系列样式出现。

> 在步骤（7）中，在 F16 单元格中填入了公式 INDIRECT(ADDRESS(MATCH(MIN(G1: G11)，G1:G11,0)，6)))，涉及公式的嵌套使用，其中 MIN 函数计算"相似度"的最小值，即与"林先生"最相似的既往销售数据；MATCH 函数标记最相似数据的行号；ADDRESS 函数生成最相似销售记录中车型数据的单元格坐标；INDIRECT 函数返回所引用的单元格的值。

6.7.2 实验二十四 理解神经网络模型的训练过程

【实验目的】

1. 理解神经网络模型的结构特点。
2. 搭建神经网络实现逻辑非运算。
3. 理解神经网络模型的训练过程。

【实验任务】

打开"E5. xlsx"工作簿，输入图 6.49 所示的数据，根据感知机模型，搭建神经网络实现逻辑非运算。其中 x_1 为非运算输入，y 为输出，net 为网络原始运算值；x_0 为偏置量，设置为 1；desired 为理想输出值；w_0 与 w_1 为神经网络模型的权重；delta0 和 delta1 为权重的更新量；learning rate 为学习系数，拟定为 0.5。

微视频 6-28

计算当前网络输出

图 6.49 逻辑非运算神经网络初始数据及参数

微视频 6-29

计算权重变化量

微视频 6-30

更新权重

【实验内容】

（1）打开"E5. xlsx"工作簿，选中 F2 单元格，输入公式"= A2 * D2 + B2 * E2"，选中 G2 单元格，输入公式"= IF(F2>= 0,1, 0)"，计算神经网络当前输出值 y。

（2）选中 H2 单元格，输入公式"=(C2-G2) * A2 * \$J\$2"，计算权重 w_0 的变更量；选中 I2 单元格，输入公式"=(C2-G2) * B2 * \$J\$2"，计算权重 w_1 的变更量。

（3）选中 D3 单元格，输入公式"=D2+H2"，更新权重 w_0；选中 E3 单元格，输入公式"=E2+I2"，更新权重 w_1。

（4）使用自动填充柄，将计算公式自动填充至 F2:I2 单元格区域。

（5）选中单元格区域 D3:I2，将计算公式向下自动填充，直至 delta0 与 delta1 接近 0。此过程中若 x_0、x_1、desired 列不足，则向下复制 A2:C3 单元格区域进行扩充。

（6）在执行第（5）步的过程中，填充至第 9 行时，观察到单元格 H9 和 I9 的值均为 0，此时单元格 D9 和 E9 的值将分别为 0 与 -0.5，并且它们不再变化，即 D 列与 E 列所代表的神经网络模型权重 w_0 和 w_1 分别确定为 0 与 -0.5。

【知识拓展】

　　人工神经网络是模拟大脑处理信息方式的简单模型，基本单元为神经元。神经元位于层中，神经元之间连接的强度（权重）是可变的，神经元和它们之间的连接构成网络。网络的第一层为输入层，最后一层为输出层，输入层和输出层之间可能存在隐藏层。简单地说，神经网络模型是一种从输入变量到输出变量的网络连接，常表示为图 6.50 所示的结构。

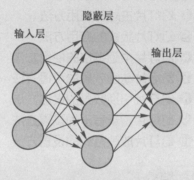

图 6.50　神经网络常见结构

　　本实验中利用神经网络实现的功能为逻辑非运算，输入变量和输出变量之间只需要一个感知机模型神经元。感知机是生物神经元的一种简单抽象，可以看作是一种最简单的神经网络，利用单个神经元实现计算功能的"网络"是一元线性分类器。可表示为

$$f(x) = \begin{cases} 1, & w \cdot x > 0 \\ 0, & \text{其他} \end{cases}$$

　　其中 · 为向量间点乘运算，x 为网络输入（包含偏置量 x_0）。对于本实验，此感知机模型可表示为图 6.51 所示的模型。图中的 Error 表示反馈，是用来更新权重向量 w 的。

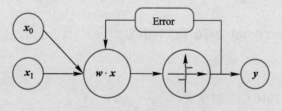

图 6.51　神经元感知机模型

第 7 章　PowerPoint 应用实验

【本章知识要点】

❶ PowerPoint 2016 的窗口组成
❷ 制作幻灯片的基本操作步骤
❸ 幻灯片的创建方法
❹ 幻灯片主题的应用方法
❺ 幻灯片版式的应用方法
❻ 幻灯片中超链接的使用方法
❼ 幻灯片动画效果的设置方法
❽ 幻灯片切换效果的设置方法
❾ 幻灯片背景音乐的设置方法
❿ 幻灯片放映方式的设置方法

7.1　PowerPoint 2016 简介

　　PowerPoint 2016 是微软公司 Office 2016 办公系列软件之一，是目前主流的一款演示文稿制作软件。它能将文本与图形、图像、音频及视频等多媒体信息结合起来，将演说者的思想意图生动、明快地展现出来。PowerPoint 2016 不仅功能强大，而且易学易用、兼容性好、应用面广，是多媒体教学、演说答辩、会议报告、广告宣传及商务洽谈最有力的辅助工具。

　　PowerPoint 2016 不仅能够制作包含文字、图形、声音甚至视频图像的多媒体幻灯片，使电子演示文稿极具艺术效果，还可以在与其他人员同时工作或联机时发布演示文稿，并使用 Web 或智能手机从任何位置访问它。

7.1.1　实验一　PowerPoint 2016 窗口组成

【实验目的】

1. 了解 PowerPoint 2016 的窗口组成。
2. 掌握 PowerPoint 2016 功能区的使用方法。
3. 掌握 PowerPoint 2016 的几种视图方式。

【实验任务】

1. 认识 PowerPoint 2016 窗口及功能区的组成。
2. 掌握基本概念：幻灯片的几种常用视图、演示文稿与幻灯片、幻灯片对象与布局、母版、模板与主题。

【实验内容】

1．窗口组成

PowerPoint 2016 的工作界面主要由标题栏、快速访问工具栏、功能区、面板、大纲/幻灯片窗格、编辑窗口、备注栏和状态栏等部分组成，如图 7.1 所示。

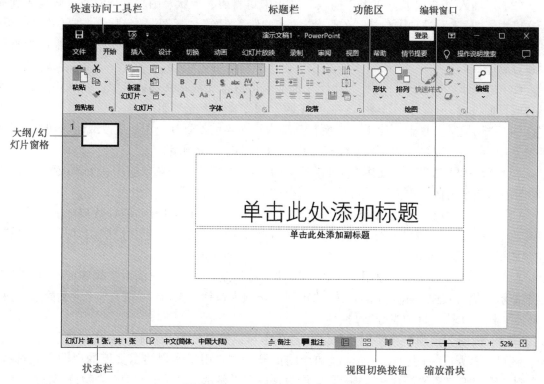

图 7.1　PowerPoint 2016 窗口组成

（1）标题栏：显示正在编辑的演示文稿的文件名以及所使用的软件名。

（2）"文件"选项卡：基本命令位于此处，如"新建""打开""关闭""另存为"和"打印"等。

（3）快速访问工具栏：常用命令位于此处，如"保存""撤消""恢复"，也可以添加自己的常用命令。

（4）功能区：功能区位于标题栏的下方，是一个由 11 个选项卡组成的区域。PowePoint 2016 将用于处理演示文稿的所有命令组织在不同的选项卡中。单击不同的选项卡标签，可以切换功能区中显示的工具命令。在每一个选项卡中，命令又被分类放置在不同的选项组中。选项组的右下角通常都会有一个对话框启动器按钮，用于打开与该组命令相关的对话框，以便用户对要进行的操作做更进一步的设置。

（5）编辑窗口：显示正在编辑的演示文稿。

（6）视图切换按钮：用户可以根据自己的要求更改正在编辑的演示文稿的显示模式。

（7）缩放滑块：使用缩放滑块可以更改正在编辑的文档的缩放设置。

（8）状态栏：显示正在编辑的演示文稿的相关信息。

2. 功能区简介

（1）"开始"选项卡：使用"开始"选项卡可插入新幻灯片，将对象组合在一起以及设置幻灯片上文本的格式。"开始"选项卡包括"剪贴板""幻灯片""字体""段落""绘图"和"编辑"选项组，主要用于插入幻灯片以及对幻灯片进行版式设计等。

（2）"插入"选项卡：使用"插入"选项卡可将表、形状、图表、页眉或页脚插入到演示文稿中。"插入"选项卡包括"幻灯片""表格""图像""插图""链接""文本""符号"和"媒体"选项组，主要用于插入表格、图形、图片、艺术字、音频、视频等多媒体素材以及设置超链接。

（3）"设计"选项卡：使用"设计"选项卡可自定义演示文稿的背景、主题设计、主题颜色或页面设置。"设计"选项卡包括"主题"和"背景"选项组。

（4）"切换"选项卡：使用"切换"选项卡可对当前幻灯片应用、更改或删除切换。"切换"选项卡包括"预览""切换到此幻灯片"和"计时"选项组。

（5）"动画"选项卡：使用"动画"选项卡可对幻灯片上的对象应用、更改或删除动画。"动画"选项卡包括"预览""动画"、"高级动画"和"计时"选项组。

（6）"幻灯片放映"选项卡：使用"幻灯片放映"选项卡可开始幻灯片放映、自定义幻灯片放映的设置和隐藏单个幻灯片。"幻灯片放映"选项卡包括"开始放映幻灯片""设置"和"监视器"选项组。

（7）"审阅"选项卡：使用"审阅"选项卡可检查拼写、更改演示文稿中的语言或比较当前演示文稿与其他演示文稿的差异。"审阅"选项卡包括"校对""语言""中文简繁转换""批注"和"比较"选项组等。

（8）"视图"选项卡：使用"视图"选项卡可以查看幻灯片母版、备注母版、幻灯片浏览，还可以打开或关闭标尺、网格线和绘图指导，主要用于实现演示文稿的视图方式选择。"视图"选项卡包括"演示文稿视图""母版视图""显示""显示比例""颜色/灰度""窗口"和"宏"等几个选项组。

3. 各种视图方式

PowerPoint 具有多种不同的视图，可帮助用户创建演示文稿。制作幻灯片时，最常使用的两种视图是普通视图和幻灯片浏览视图。分别单击 PowerPoint 窗口右下角的各类按钮，可轻松地在普通视图、幻灯片浏览视图、阅读视图和幻灯片放映视图间进行切换（如图 7.2 所示）。也可以在"视图"选项卡中选择各类视图方式进行切换。

图 7.2　视图切换按钮

（1）普通视图：普通视图通常是 PowerPoint 启动时的默认视图。在该视图中可以插入、编辑、修饰、设置文稿中的幻灯片，是使用频率最高的视图方式。

（2）幻灯片浏览视图：幻灯片浏览视图是以缩略图形式显示文稿中所有幻灯片的一种视图。通过幻灯片浏览视图可以在一个窗口中浏览文稿的多张幻灯片，从而可以快速排列各幻灯片顺序、添加或删除指定的幻灯片或快速为幻灯片设置切换效果。

（3）幻灯片放映视图：幻灯片放映视图是以实际放映显示文稿幻灯片的视图。通过该视图可以看到文稿的实际放映效果。

4. 演示文稿与幻灯片

利用 PowerPoint 制作的"演示文稿"通常保存在一个文件里，称为一个演示文件，文件的扩展名为 pptx。用户可以建立一个新的演示文稿，也可以对一个已存在的演示文稿进行增删改操作。PowerPoint 既可以用来制作文稿，也可以用来演示文稿。

一个演示文稿是由若干张"幻灯片"组成的。这里"幻灯片"一词只是用来形象地描绘文稿里的组成形式，实际上它是表示一个"视觉形象页"。

5. 幻灯片对象与布局

演示文稿中每一张幻灯片是由若干"对象"组成的，对象是幻灯片重要的组成元素。每当往幻灯片中插入文字、图表、SmartArt 及其他可插入元素时，它们都是以对象的形式出现在幻灯片中。

幻灯片的"布局"涉及其组成对象的种类与相互位置的问题。PowerPoint 提供丰富的幻灯片版式以供选择，也可以用"空白"版式来设计自己的个性化幻灯片版式。

每当插入一张新幻灯片时，允许用户选择一种"自动版式"用于新幻灯片的制作。自动版式包含标题、标题和内容、两栏内容，等等，可根据幻灯片制作需要进行选择。

6. 母版

母版是用来记录和保存当前演示文稿中的幻灯片统一信息的特殊幻灯片，包含的信息有占位符格式、背景和在所有幻灯片上显示的文字、图片等。母版上的设置将自动作用于演示文稿的所有幻灯片或备注页。

7. 模板与主题

模板是现成的样式，包括图片、动画、背景等。PowePoint 提供了相册、培训、项目状态报告等多种模板，也可以在 Office.com 和其他合作伙伴网站上获取应用于演示文稿的数百种免费模板，如图 7.3 所示。用户可根据需要选择一种模板，只需直接输入相关内容就可以使用。

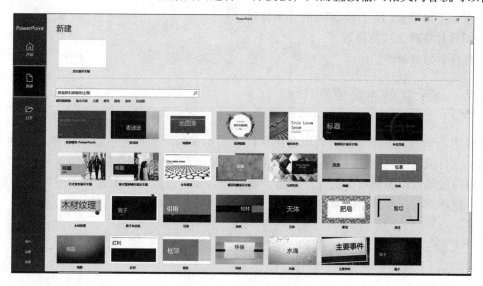

图 7.3　模板与主题

主题是给设置好的幻灯片更换颜色、背景等统一的内容。一个演示文稿整体上的外观设计方案，它包含预定义的文字格式、颜色，以及幻灯片背景图案等，每个主题都表达了某种风格和寓意，适用于某方面的讲演内容，如图7.4所示。

图 7.4　PowerPoint 的主题

7.1.2　实验二　演示文稿制作的基本操作步骤

【实验目的】

掌握演示文稿制作的一般操作步骤。

【实验任务】

根据操作流程，掌握演示文稿的制作方法。

【实验内容】

一般情况下，制作演示文稿的步骤如下。

1. 创建（或打开）演示文稿。
2. 设置演示文稿中每页幻灯片的版式。
3. 丰富演示文稿的内容（插入图片、影片和声音、图表、表格、对象、超级链接等）。
4. 设置演示文稿的主题（配色方案、背景等）。
5. 设置幻灯片中对象的动画效果。
6. 设置幻灯片之间的切换效果。
7. 根据需要设置幻灯片播放时的背景音乐。
8. 幻灯片放映方式的设置。
9. 保存演示文稿。

7.2　演示文稿的简单制作

当启动 PowerPoint 2016 后，可以利用它创建演示文稿。制作者可以利用模板自动创建演示文稿，也可以创建一个空白演示文稿，制作者按照个人的意愿制作幻灯片。一套完整的演示文稿文件一般包含片头动画、幻灯片封面、前言、目录、过渡页、图表页、图片页、文字页、封底、片尾动画等。所采用的素材有文字、图片、图表、动画、声音、影片等。

7.2.1　实验三　演示文稿的创建

【实验目的】

1. 掌握演示文稿的创建方式。

2. 掌握利用设计模板创建演示文稿的方法。

3. 掌握创建空白演示文稿的方法，制作个性化的幻灯片。

【实验任务】

1. 利用样本模板中"欢迎使用 PowerPoint——简化工作的 5 个窍门"模板生成演示文稿，并从创建的演示文稿中了解 PowerPoint 2016 的新功能及特点，完成上述操作后，将演示文稿以"介绍.pptx"为文件名保存到 D:\ppt 文件夹中。

2. 创建一个空演示文稿，以文件名为"银杏.pptx"保存到 D:\ppt 文件夹中。

【实验内容】

1. 实验任务 1 操作步骤

（1）启动 PowerPoint 2016，选择"文件"选项卡→"新建"命令，弹出列表。

（2）选择"欢迎使用 PowerPoint——简化工作的 5 个窍门"选项，单击窗口中的"创建"按钮，自动创建演示文稿，如图 7.5 所示。

（3）单击屏幕右下角的"幻灯片放映"视图切换按钮，启动幻灯片放映方式，浏览幻灯片内容了解 PowerPoint 2016 的特点。

（4）单击快速访问工具栏中的"保存"按钮，在弹出的对话框中，选择 D 盘，在 D 盘中新建一个文件夹，命名为"ppt"，双击打开该文件夹。在"文件名"文本框中输入文件名"介绍"，在"保存类型"中选择"PowerPoint 演示文稿"，单击"保存"按钮，完成相关操作。

图 7.5　PowerPoint 样本模板示意图

2. 实验任务 2 操作步骤

（1）方法 1：启动 PowerPoint 2016，选择"空白演示文稿"选项，自动创建空白演示文稿。

（2）方法 2：选择"文件"选项卡→"新建"命令，在可用的模板和主题中选择"空白演示文稿"选项，自动创建空白演示文稿，如图 7.6 所示。

图 7.6　空白演示文稿的创建

（3）完成上述操作后，以"银杏.pptx"为文件名保存到 D:\ppt 中。

【知识拓展】

常用创建演示文稿的方法有以下两种：

1. 根据设计模板创建演示文稿

选择"文件"选项卡→"新建"命令，在可用的模板和主题列表中选择一种模板创建演示文稿。

2. 创建空白演示文稿

利用 PowerPoint 2016 提供的主题和版式，可以创建个性化的演示文稿。在演示文稿中，可以根据需要自行插入文字、图片、音乐、视频等多媒体信息，同时可以设置幻灯片的动画和切换效果，让演示文稿更生动。

▶ 微视频 7-1

幻灯片的简单
制作操作实例

7.2.2　实验四　幻灯片的简单制作

【实验目的】

1. 掌握幻灯片的添加方式。

2. 掌握幻灯片主题的使用方法。

3. 掌握幻灯片版式的使用方法。

【实验任务】

打开"银杏.pptx"演示文稿，设置为"切片"主题，并按照下列要求添加幻灯片：

1. 设置第 1 张幻灯片为标题幻灯片，添加标题文字"醉在银杏灿烂时"，副标题为"四川大学"。

2. 添加第 2 张幻灯片，版式为"竖排标题与文本"，标题为"银杏心语"，文本内容为"又见金风绣锦杉，一生炫彩最开颜。虽惜迟暮才圆梦，终把辉煌戴桂冠。既把辉煌戴桂冠，当思风雨度经年。赢得丽日多光顾，青涩始成十月妍。"。

3. 添加第 3 张幻灯片，版式为"标题和内容"，标题为"川大观银杏"，内容为 3 段文本："望江校区""华西校区""江安校区"。

4. 添加第 4 张幻灯片，版式为"内容与标题"。标题为"望江校区"，文本为"满眼的金黄，让这个秋天，充满了喜悦与热闹"，在图片框中插入图片"素材 1.jpg"。

5. 添加第 5 张幻灯片，版式为"空白"。插入两张图片"素材 2.jpg"和"素材 3.jpg"放在幻灯片的左侧，插入一个横排文本框，输入 4 段文本："文华大道""道路两旁的银杏树一直延伸到望江校区南大门，树叶黄时，放眼望去蔚为壮观。夜晚，银杏叶的黄与微黄的路灯相互交映，别有一番景致。""化学馆""化学馆前的两棵银杏古树，高大繁茂，市区少见，相传是川大最大的两颗银杏树。树下落叶涵盖面积大，积叶多，和化学馆融为一体，红墙金叶，景色瑰丽。"。

6. 添加第 6 张幻灯片，版式为"节标题"。标题为"华西校区"，文本为"壮观的秋黄，像是时光的隧道，太强烈的历史感"，插入图片"素材 4.jpg"，放在标题上方。

7. 添加第 7 张幻灯片，版式为"两栏内容"。标题为"校中路、校西路"，在左侧的文本框中输入"这是一条横贯华西校区的道路，西起华西医院，东到毛英才烈士像，中间被人民南路截断，西段为校西路，东段为校中路。道路两旁有很多古香古色的华西坝老建筑，与路旁金黄灿烂的银杏交相辉映，甚是赏心悦目，堪称川大最有历史感的银杏大道。"。在右侧文本框中插入图片"素材 5.jpg"。

8. 添加第 8 张幻灯片，版式为"节标题"。标题为"江安校区"，文本为"最美的不是这个秋天，而是我在秋天遇见的你"，插入图片"素材 6.jpg"，放在标题上方。

9. 添加第 9 张幻灯片，版式为"两栏内容"。标题为"景观水道"，在左侧对象框插入图片"素材 7.jpg"；在右侧文本框中输入文本"银杏树随着景观水道始于江安校区东门，横穿明远大道。水道两旁除了两排整齐的银杏树外，还有镌刻着川大百年校史和群贤英才的纪念碑。银杏黄时，浅水微澜，落叶缤纷，犹如在为灿若星河的百年校史赞歌。"。

10. 添加第 10 张幻灯片，版式为"内容与标题"。标题为"与你邂逅"，文本为"成都的秋不同于其他地方，你的视角也是独一无二。你与川大秋日的邂逅，才是这个秋日最美、最独特的风景。"。在后侧对象框中插入图片"素材 8.jpg"。

完成上述操作后保存文件。

【实验内容】

实验任务操作步骤如下：

（1）打开"银杏.pptx"演示文稿，选择"设计"选项卡→"主题"选项组→"切片"

主题，将该主题应用到演示文稿中，如图 7.7 所示。

图 7.7　主题的应用

（2）单击"开始"选项卡→"幻灯片"选项组→"版式"下拉按钮，选择"标题"版式，如图 7.8 所示，将此版式应用于第 1 张幻灯片；单击标题文本框，输入标题"醉在银杏灿烂时"，单击副标题文本框，输入副标题"四川大学"。

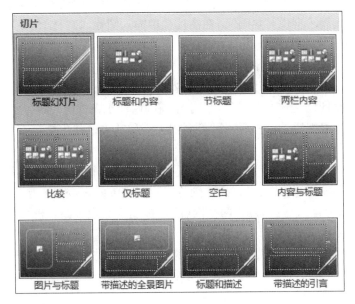

图 7.8　幻灯片版式的使用

（3）单击"开始"选项卡→"幻灯片"选项组→"新建幻灯片"下拉按钮，在下拉列表中选择"竖排标题和文本"版式，插入第 2 张幻灯片。单击标题文本框，输入"银杏心语"，单击文本框输入"又见金风绣锦杉，一生炫彩最开颜。虽惜迟暮才圆梦，终把辉煌戴桂冠。既把辉煌戴桂冠，当思风雨度经年。赢得丽日多光顾，青涩始成十月妍。"。

（4）单击"开始"选项卡→"幻灯片"选项组→"新建幻灯片"下拉按钮，在下拉列表中选择"标题和内容"版式，插入第 3 张幻灯片。单击标题文本框输入"川大观银杏"，单击文本框输入 3 段文本："望江校区""华西校区""江安校区"。

（5）单击"开始"选项卡→"幻灯片"选项组→"新建幻灯片"下拉按钮，在下拉列表中选择"内容与标题"版式，插入第 4 张幻灯片。单击标题文本框输入"望江校区"，单击文本框输入"满眼的金黄，让这个秋天，充满了喜悦与热闹"，单击图片占位符中的"插入图片"图标，在弹出的对话框中找到"素材 1.jpg"，单击"插入"按钮，将图片放入其中。

（6）单击"开始"选项卡→"幻灯片"选项组→"新建幻灯片"下拉按钮，在下拉列表中选择"空白"版式，插入第 5 张幻灯片。单击"插入"选项卡→"图像"选项组→"图片"按钮，在弹出的对话框中找到"素材 2.jpg"，单击"插入"按钮将图片放入幻灯片中。选中图片，拖曳图片右下角的控制点，缩小图片到适合的大小，拖曳图片放入幻灯片左上方；采用相同的方法插入"素材 3.jpg"，调整图片大小，放入幻灯片左下方；单击"插入"选项卡→"文本"选项组→"文本框"下拉按钮，在下拉菜单中选择"横排文本框"选项，拖曳鼠标在幻灯片中插入文本框，在其中输入 4 段文字："文华大道""道路两旁的银杏树一直延伸到望江校区南大门，树叶黄时，放眼望去蔚为壮观。夜晚，银杏叶的黄与微黄的路灯相互交映，别有一番景致。""化学馆""化学馆前的两棵银杏古树，高大繁茂，市区少见，相传是川大最大的两颗银杏树。树下落叶涵盖面积大，积叶多，和化学馆融为一体，红墙金叶，景色瑰丽。"。

（7）利用相同的方法，制作剩余的 5 张幻灯片。最后的效果如图 7.9 所示，完成上述操作后，保存文件。

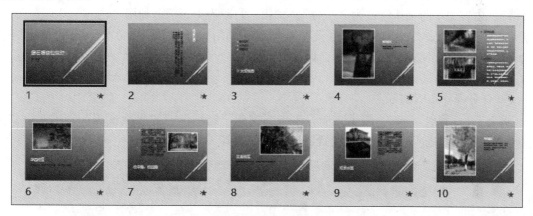

图 7.9　幻灯片效果图

【知识拓展】

　　演示文稿中每一张幻灯片是由若干"对象"组成的，例如：输入文字时需要利用"插入"选项卡的"文本框"功能，在文本框中输入文字；利用"插入"选项卡中的"图片""艺术字""相册""音频""视频"等按钮插入多媒体对象。可以选择对象，修改对象的内容，调整对象的大小，移动、复制或删除对象；还可以改变对象的属性，如颜色、阴影、边框等。所以，制作一张幻灯片的过程，实际上是制作其中每一个被指定的对象的过程。

　　制作幻灯片最简单的方法就是从"幻灯片版式"中选择合适的模板，只需在相应的对象框中输入文字或插入图片等信息。当然，也可以用"空白"版式来设计个性化的幻灯片。

7.3 演示文稿的高级应用

利用幻灯片的主题和版式设计出来的演示文稿可以进一步地调整及美化，例如，添加 SmartArt 图形，对图片添加样式，插入超链接，设置幻灯片的动画和切换效果等，可以让幻灯片更生动，更有自己的风格。

7.3.1 实验五 母版的使用

【实验目的】

1. 掌握母版的用途。

2. 掌握利用母版对幻灯片的格式进行统一调整的操作方法。

【实验任务】

打开"银杏.pptx"演示文稿，利用"幻灯片母版"将所有幻灯片的标题字体设置为"华文行楷"，内容文本的字体设置为"黑体"，加粗，行距为 1.5 倍；利用"内容与标题"母版，将第 4 张和第 10 张幻灯片的标题字号设置为 46 磅；利用"竖排标题与文本"母版，将文本内容的行距设置为 2.5 倍。完成操作后，保存文档。

【实验内容】

实验任务操作步骤如下：

（1）打开"银杏.pptx"演示文稿，单击"视图"选项卡→"母版视图"选项组→"幻灯片母版"按钮，进入幻灯片母版设置窗口，如图 7.10 所示。

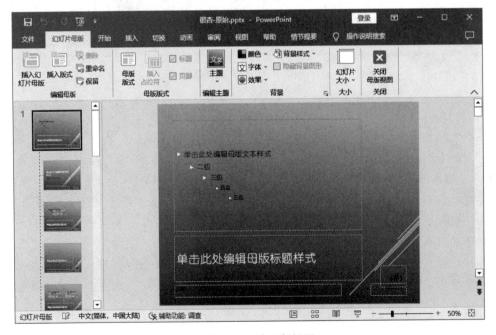

图 7.10 幻灯片母版视图

（2）在幻灯片浏览窗格中选中第一个名为"幻灯片母版"的幻灯片，在幻灯片编辑窗格中，单击选中标题文本框，在"开始"选项卡→"字体"选项组中选择"华文行楷"选项；选中内容文本框，在"开始"选项卡→"字体"选项组中选择"黑体"选项，单击"加粗"按钮，完成字体的设置；单击"开始"选项卡→"段落"选项组→"行距"下拉按钮，在下拉菜单中选择"1.5 倍行距"选项，如图 7.11 所示。

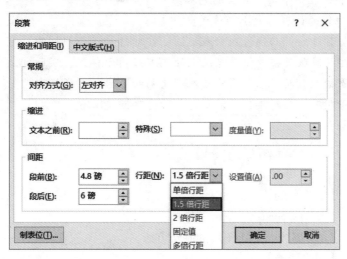

图 7.11　母版格式的调整与设置

（3）在幻灯片浏览窗格中选中"内容与标题"母版，在幻灯片编辑窗格中，选中标题文本框，在"开始"选项卡→"字体"选项组→"字号"文本框中输入"46"，完成标题字号的设置。

（4）在幻灯片浏览窗格中选中"竖排标题与文本"母版，在幻灯片编辑窗格中，选中内容文本框，单击"开始"选项卡→"段落"选项组→"行距"下拉按钮，在下拉菜单中选择"多倍行距"选项，设置其值为 2.5。

（5）完成上述操作后，单击"幻灯片母版"选项卡→"关闭母版视图"按钮，退出母版编辑状态。浏览幻灯片的设置效果后，保存文档。

【知识拓展】
　　母版是用来记录和保存当前演示文稿中的幻灯片统一信息的特殊幻灯片，包括项目符号和字体的类型和大小、占位符大小和位置、背景设计和填充、配色方案的幻灯片母版和可选的标题母版。
　　母版中包括以下信息：
　　（1）标题、正文和页脚文本的字体、字号、字形、颜色等。
　　（2）文本和对象的占位符位置和大小。
　　（3）项目符号样式。
　　（4）背景设计和配色方案。

修改幻灯片母版的目的是通过修改母版中的样式，将此更改应用到演示文稿的所有幻灯片中，直接进行全局更改，而不需要对幻灯片逐一进行格式调整。

通常可以使用幻灯片母版进行下列操作：

（1）更改字体或项目符号。

（2）插入要显示在多个幻灯片上的艺术图片（如徽标）。

（3）更改占位符的位置、大小和格式。

若要查看幻灯片母版，必须进入母版视图。在幻灯片母版视图中，可以像更改任何幻灯片一样更改幻灯片母版，但要记住母版上的文本只用于样式，实际的文字图片等应在普通视图的幻灯片上插入，而页眉和页脚应在"页眉和页脚"对话框中设置。

更改幻灯片母版时，已对单张幻灯片进行的更改将被保留。

7.3.2　实验六　SmartArt 图形的使用

【实验目的】

1. 掌握 SmartArt 图形的作用。

2. 掌握 SmartArt 图形的制作方法。

【实验任务】

打开"银杏.pptx"演示文稿，将第 3 张幻灯片"望江校区""华西校区"和"江安校区"3 行文字转换成样式为"蛇形图片题注列表"的 SmartArt 对象，并将"素材 9.jpg""素材 10.jpg"和"素材 11.jpg"定义为该 SmartArt 对象的显示图片。完成上述操作后，保存文档。

【实验内容】

实验任务操作步骤如下：

（1）打开"银杏.pptx"演示文稿，在普通视图下选中第 3 张幻灯片。

（2）拖曳鼠标选中"望江校区""华西校区"和"江安校区"3 行文字，单击鼠标右键，在弹出的快捷菜单中选择"转换为 SmartArt"命令，在二级菜单中选择"其他 SmartArt 图形"选项，弹出"选择 SmartArt 图形"对话框，如图 7.12 所示。

（3）在对话框中单击"图片"选项卡，在"图片"分类的 SmartArt 图形中选择"蛇形图片题注列表"选项，单击"确定"按钮，即可在幻灯片中插入 SmartArt 图形，如图 7.13 所示。

（4）单击"望江校区"文字上方的"图形"按钮，在弹出的对话框中选择"素材 9.jpg"，单击"确定"按钮，采用相同的方法在"华西校区"和"江安校区"对应的图片框中分别插入"素材 10.jpg"和"素材 11.jpg"。

（5）完成上述操作后，保存文档。

【知识拓展】

SmartArt 图形是信息和观点的视觉表示形式。制作者可以通过从多种不同布局中进行选择来创建 SmartArt 图形，从而快速、轻松、有效地传达信息。

PowerPoint 2016 中，提供了 11 种不同类型的 SmartArt 布局，即"全部""列表""流程""循环""层次结构""关系""矩阵""棱锥图""图片""Office.com"和"其他"。一些布局只是使项目符号列表更加精美，而另一些布局（如组织结构图或维恩图）适合用来展现特定种类的信息。

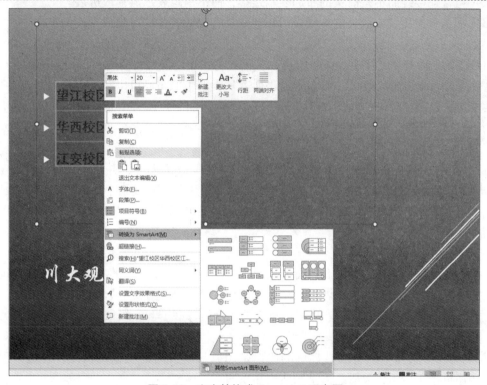

图 7.12　文字转换成 SmartArt 示意图

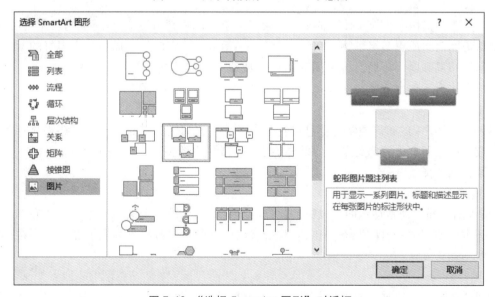

图 7.13　"选择 SmartArt 图形"对话框

1. 全部

SmartArt 图形可用的所有布局都出现在"全部"类型中。

选择布局时，应注意以下几点：

（1）包含箭头的布局表示在某个方向的流动或进展。

（2）包含连接线而不是箭头的布局表示连接，而不一定表示流动或进展。

（3）不包含连接线或箭头的布局表示相互间没有密切关系的对象或观点的集合。

2. 列表

如果想使项目符号文字更加醒目，可以轻松地将文字转换为可以着色、设定其尺寸以及使用视觉效果或动画强调的形状，那么使用"列表"类型中的布局可以轻松实现。

某些列表布局包含图片形状，可以向任何形状中添加图片作为填充。制作者可以将要点放置到 SmartArt 图形中，然后通过另一个幻灯片或文档详细介绍这些要点。

3. 流程

与"列表"不同，"流程"类型中的布局通常包含一个方向流，并且用来对流程或工作流中的步骤或阶段进行图解，例如，完成某项任务的有序步骤、开发某个产品的一般阶段或者时间线或计划。如果希望显示如何按部就班地完成步骤或阶段来产生某一结果，可以使用"流程"布局。

4. 循环

虽然可以使用"流程"布局传达分步信息，但"循环"类型中的布局通常用来对循环流程或重复性流程进行图解。制作者可以使用"循环"布局显示产品或动物的生命周期、教学周期、重复性或正在进行的流程、或某个员工的年度目标制定和业绩审查周期。

5. 层次结构

"层次结构"类型中的布局最常见的用途是用以显示公司的组织结构图。但是"层次结构"布局还可用于显示决策树、系谱图或产品系列。

6. 关系

"关系"类型中的布局显示各部分（如联锁或重叠的概念）之间非渐进的、非层次关系，并且通常说明两组或更多组事物之间的概念关系或联系。"关系"布局的几个很好的示例是维恩图、目标布局和射线布局，维恩图显示区域或概念如何重叠以及如何集中在一个中心交点处；目标布局显示包含关系；射线布局显示与中心核心或概念之间的关系。

7. 矩阵

"矩阵"类型中的布局通常对信息进行分类，并且它们是二维布局。它们用来显示各部分与整体或与中心概念之间的关系。如果要传达 4 个或更少的要点以及大量文字，"矩阵"布局是一个不错的选择。

8. 棱锥图

"棱锥图"布局通常显示向上发展的比例或层次关系，最适合表达从上到下或底部显示的信息。还可以使用"棱锥图"布局传达概念性信息，例如，"棱锥型列表"布局允许在棱锥之外的形状中输入文字。

9. 图片

如果希望通过图片来传递消息（带有或不带有说明性文字），或者希望使用图片作为某个列表或过程的补充，则可以使用"图片"类型的布局。

10. Office. come

"Office. come"类型显示 Office.com 上可用的其他布局，此类型将会定期更新布局。

11. 其他

此类型可用于不适合上述任何类型的自定义 SmartArt 图形。

7.3.3　实验七　常见对象的格式设置

【实验目的】

1. 掌握幻灯片中文本格式及层次级别的设置。

2. 掌握幻灯片中图片格式的设置。

【实验任务】

1. 打开"银杏 . pptx"演示文稿，将第 5 张幻灯片中"文华大道""化学馆"设为第一级文字，加粗，字号设置为"24 磅"，颜色为"蓝色"；将另两段文本设为第二级文字，对两级文字添加不同的项目符号。

2. 对第 4 张到第 10 张幻灯片中的图片添加"旋转，白色"图片样式，并按自己的喜好将图片旋转一定的角度。完成上述操作后，保存文档。

【实验内容】

1. 实验任务 1 操作步骤

（1）打开"银杏 . pptx"演示文稿，在普通视图下，定位到第 5 张幻灯片。

（2）选中文本框，单击"开始"选项卡→"段落"功能区选项组→"项目符号"下拉按钮，在下拉菜单中任意选择一种项目符号。

（3）将鼠标光标定位在第 2 段，单击"开始"选项卡→"段落"选项组→"提高列表级别"按钮，将第 2 段设为第二文字，采用相同的方法设置第 4 段文字，如图 7.14 所示。

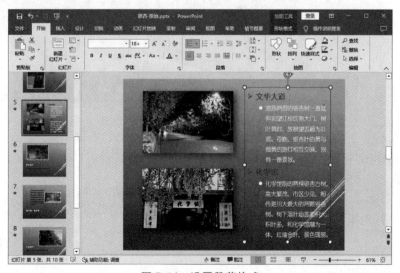

图 7.14　设置段落格式

（4）按住 Ctrl 键的同时，拖曳鼠标选定"文华大道"和"化学馆"，在"开始"选项卡→"字体"选项组中设置字号为"24 磅"，加粗，文字颜色调整为"蓝色"；单击"开始"选项卡→"段落"选项组→"项目符号"下拉按钮，在下拉菜单中选择另一种项目符号。

2. 实验任务 2 操作步骤

（1）在普通视图下，定位到第 4 张幻灯片。

（2）选中图片，切换到"图片工具"功能区→"格式"选项卡/"图片样式"选项组，在样式列表中选择"旋转，白色"样式即可，如图 7.15 所示。

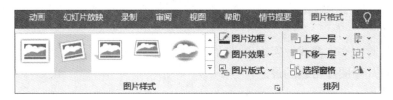

图 7.15 "图片样式"选项组

（3）选中图片后，在图片上方出现一个旋转按钮，按着鼠标左键拖曳它即可对图片进行旋转，旋转一定的角度后释放鼠标左键即可，如图 7.16 所示。

图 7.16 图片的旋转

（4）按照相同的方法，对后几张幻灯片中的图片进行样式设置。

（5）完成上述操作后，保存文档。

微视频 7-3
超链接的设置

7.3.4 实验八 幻灯片超链接的使用

【实验目的】

掌握幻灯片中超链接的设置方法。

【实验任务】

打开"银杏.pptx"演示文稿,在第 3 张幻灯片的 SmartArt 对象元素中添加幻灯片跳转链接,使得单击"望江校区"标注形状可跳转至第 4 张幻灯片,单击"华西校区"标注形状可跳转至第 6 张幻灯片,单击"江安校区"标注形状可跳转至第 8 张幻灯片;在第 5、7、10 张幻灯片中添加"第一张"动作按钮,设置单击此按钮幻灯片跳转到第 3 张的链接。完成上述操作后,保存文档。

【实验内容】

实验任务操作步骤如下:

(1)打开"银杏.pptx"演示文稿,在普通视图方式下,定位到第 3 张幻灯片。

(2)选中"望江校区"标注形状,单击鼠标右键,在弹出的快捷菜单中选择"超链接"选项,弹出"编辑超链接"对话框。

(3)在"链接到"列表中选择"本文档中的位置"选项,在"请选择文档中的位置"列表中单击"4. 望江校区"幻灯片,单击"确定"按钮即可,如图 7.17 所示。

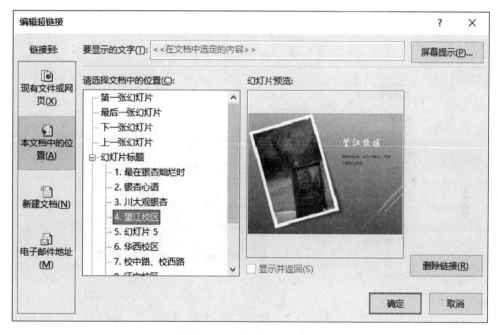

图 7.17 "插入超链接"对话框

(4)采用相同的方法对"华西校区"和"江安校区"标注形状添加超链接。

(5)选中第 5 张幻灯片,单击"插入"选项卡→"插图"选项组→"形状"下拉按钮,在弹出的下拉列表中单击滚动条往下翻页,在"动作列表"选项组中单击圙按钮,在幻灯片的左下角拖曳鼠标,放入按钮,在弹出的"操作设置"对话框中,选择"单击鼠标"选项卡,单击"超链接到"下拉按钮,如图 7.18 所示,在下拉列表中选择"幻灯片…"选项,弹出"超链接到幻灯片"对话框,如图 7.19 所示,在对话框中选择"3. 川大观银杏"幻灯片,单击"确定"按钮,在"操作设置"对话框中单击"确定"按钮,完成设置。

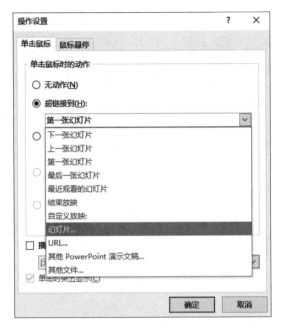

图7.18 "操作设置"对话框

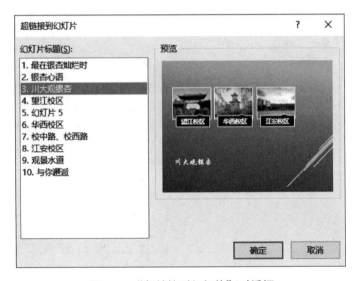

图7.19 "超链接到幻灯片"对话框

（6）选中此按钮，单击工具栏中的"复制"按钮，将其粘贴到第7张和第10张幻灯片中。

（7）完成上述操作后，保存文档。

【知识拓展】

　　在PowerPoint中，超链接可以让同一个演示文稿中的一张幻灯片链接到另一张幻灯片，也可以连接另一个演示文稿、电子邮件地址、网页或其他文件。制作者可以对文本或一个对象（如图片、图形、形状或艺术字）创建超链接。

超链接可以让幻灯片在放映时实现幻灯片之间的跳转，也可以直接在当前幻灯片上单击超链接图标直接在该幻灯片上播放插入超链接的文件，而不需要最小化当前的幻灯片窗口。可以边演示图片动画等信息，边讲解，边感受播放音乐给观看者带来的特殊意境，从而使观看者能触动全方位的感官不间断地来了解幻灯片所示的内容，从而更深刻地了解讲解人所要传达的意思。

7.3.5　实验九　幻灯片动画的设置

【实验目的】

1. 掌握幻灯片中对象动画的设置方法。

2. 掌握幻灯片之间切换效果的设置方法。

【实验任务】

1. 打开"银杏.pptx"演示文稿，设置第 2 张幻灯片文本的进入动画效果为"淡化"，文本动画为"按词顺序"；为第 3 张幻灯片中 SmartArt 对象添加自左至右的"擦除"进入动画效果，并要求在幻灯片放映时该 SmartArt 对象元素可以逐个显示；为第 7 张幻灯片中的图片添加"轮子"进入动画效果，要求在上一个动画完成后自动播放此动画效果。

2. 为演示文稿中每张幻灯片设置不同的切换效果。完成上述操作后，保存文档。

【实验内容】

1. 实验任务 1 操作步骤

幻灯片对象的
动画设置

（1）打开"银杏.pptx"演示文稿，在普通视图方式下，定位到第 2 张幻灯片。选中幻灯片中的文本框，单击"动画"选项卡→"动画"选项组→"淡化"按钮，完成动画效果设置；单击"动画"选项卡→"高级动画"选项组→"动画窗格"按钮，在弹出的"动画窗格"对话框中单击动画 1 的下拉按钮，在下拉菜单中选择"效果选项"选项，如图 7.20 所示。

（2）在弹出的"淡化"对话框的"效果"选项卡下，单击"设置文本动画"下拉按钮，在下拉菜单中选择"按词顺序"选项，完成动画文本效果的设置，如图 7.21 所示。

（3）定位到第 3 张幻灯片，选中 SmartArt 图形对象，单击"动画"选项卡→"动画"选项组→"擦除"按钮，单击"动画"选项卡→"动画"选项组→"效果选项"下拉按钮，在弹出的下拉菜单中设置"方向"为"自左侧"，"序列"为"逐个"；如图 7.22 所示。

（4）定位到第 7 张幻灯片，选中图片，单击"动画"选项卡→"动画"选项组→"轮子"按钮，在"动画"选项卡→"计时"选项组中，单击"开始"下拉按钮，在下拉菜单中选择"上一动画之后"选项，如图 7.23 所示。

幻灯片的切换
效果

2. 实验任务 2 操作步骤

（1）单击窗口右下角的"幻灯片浏览"视图切换按钮，将视图切换到幻灯片浏览视图方式下，选中第 1 张幻灯片，切换到"切换"选项卡→"切换到此幻灯片"选项组，在样式列表中任意选择一种切换效果。

（2）利用相同的方法，选中后面的幻灯片依次进行切换效果的设置，如

图 7.24 所示。

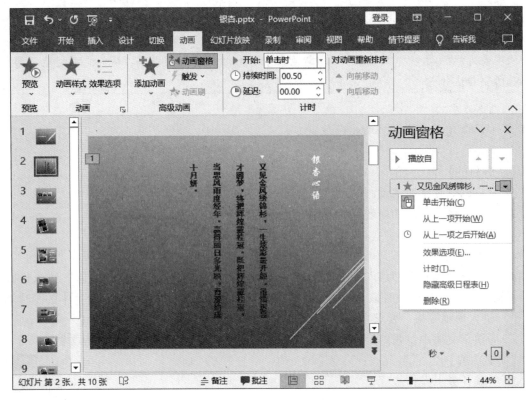

图 7.20　文本动画的设置

图 7.21　"淡出"对话框

（3）完成上述操作后，保存文档。

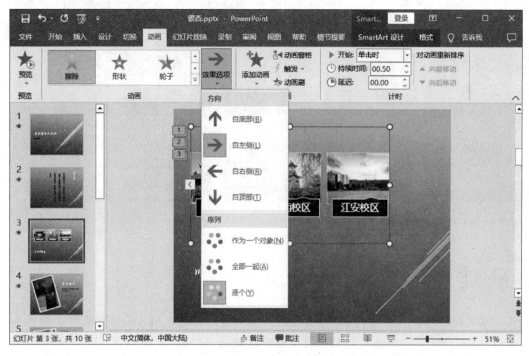

图 7.22　SmartArt 图形的动画设置

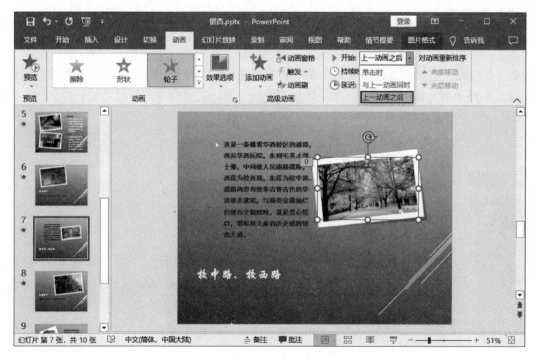

图 7.23　图片动画效果的设置

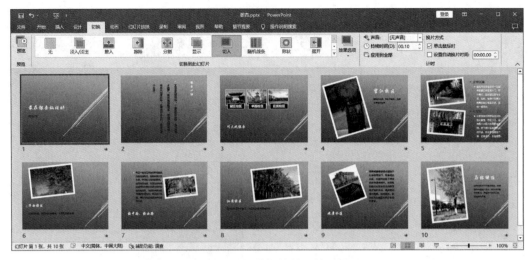

图 7.24　幻灯片切换效果的设置

【知识拓展】
　　为了让幻灯片在播放时更生动，人们会在幻灯片中加入动画效果和幻灯片的切换效果。动画效果是针对一张幻灯片中的对象进行的动画设置，而幻灯片的切换效果则是针对幻灯片与幻灯片之间的变化效果。如果把演示文稿看成是一本书，动画效果是改变书中某一页的效果，而切换效果则是翻页的效果。

7.4　幻灯片的放映

　　为了让幻灯片放映时更能吸引人，制作者可以在幻灯片中放入背景音乐、视频等多媒体元素。通过排练计时，还可以设定每张幻灯片的放映时间，实现幻灯片的自动放映。

7.4.1　实验十　背景音乐的设置

微视频 7-6

背景音乐的设置操作实例

【实验目的】
1. 掌握插入音频的方法。
2. 掌握背景音乐的参数设置方法。

【实验任务】
　　打开"银杏.pptx"演示文稿，在第 1 张幻灯片中插入音乐"秋日私语.mp3"，并将其设置为幻灯片播放时的背景音乐，在幻灯片放映时背景音乐循环播放。

【实验内容】
实验任务操作步骤如下：
（1）打开"银杏.pptx"演示文稿，在普通视图下选中第 1 张幻灯片。
（2）单击"插入"选项卡→"媒体"选项组→"音频"下拉按钮，在下拉菜单中选择

"PC 上的音频…"选项，弹出"插入音频"对话框。

（3）在对话框中选中文件"秋日私语.mp3"，单击"插入"按钮，如图 7.25 所示，音频图标放入第 1 张幻灯片中。

图 7.25 "插入音频"对话框

（4）单击音频图标，切换到"音频工具"功能区→"播放"选项卡，在"音频选项"选项组→"开始"下拉列表中选择"自动"选项；勾选"跨幻灯片播放""循环播放，直到停止"和"放映时隐藏"复选框，如图 7.26 所示。

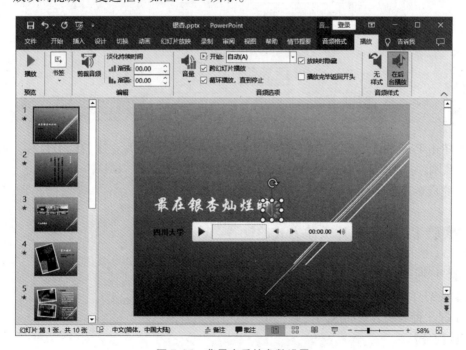

图 7.26 背景音乐的参数设置

（5）完成上述操作后，保存文档；

（6）播放幻灯片，感受背景音乐的效果。

7.4.2 实验十一 排练计时

【实验目的】

1. 掌握排练计时的含义。

2. 掌握排练计时的设置方法。

【实验任务】

打开"银杏.pptx"演示文稿，通过排练计时设置幻灯片自动放映的时间，按此计时再次播放幻灯片，感受排练计时的含义，完成上述操作后，保存文档。

【实验内容】

实验任务操作步骤如下：

（1）打开"银杏.pptx"演示文稿，单击"幻灯片放映"选项卡→"设置"选项组→"排练计时"按钮，激活排练方式。

（2）此时幻灯片进入放映方式，按照自己需要的翻页速度单击鼠标左键来控制每张幻灯片的放映时间。

（3）放映到最后一张时，PowerPoint 会弹出对话框，显示这次放映的放映时间，单击"是"按钮，将排练计时的时间保存到对应的幻灯片上，如图 7.27 所示。

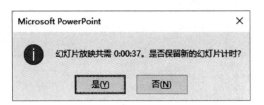

图 7.27 排练计时的保存

（4）单击 PowerPoint 窗口右下角的"幻灯片放映"按钮，再一次放映幻灯片，可以看到幻灯片按照刚才排练的时间自动播放。

（5）完成上述操作后，退出放映方式后保存文档。

7.4.3 实验十二 幻灯片放映方式的设置

【实验目的】

1. 掌握幻灯片放映方式的设置方法。

2. 掌握 3 种放映方式的区别。

【实验任务】

打开"银杏.pptx"演示文稿，分别设置 3 种不同的幻灯片放映方式，感受 3 种放映方式的区别。

【实验内容】

实验任务操作步骤如下：

（1）单击"幻灯片放映"选项卡→"设置"选项组→"设置幻灯片放映"按钮，弹出"设置放映方式"对话框，如图 7.28 所示。

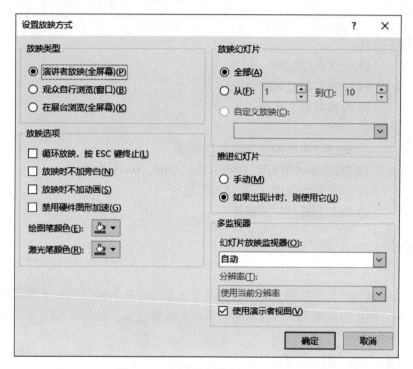

图 7.28　设置"放映方式"对话框

（2）3 种放映方式如下。

● 演讲者放映方式：演讲者放映方式是最常用的放映方式，在放映过程中以全屏显示幻灯片。演讲者能控制幻灯片的放映，暂停演示文稿，添加会议细节，还可以录制旁白。

● 观众自行浏览：可以在标准窗口中放映幻灯片。在放映幻灯片时，可以拖动右侧的滚动条，或滚动鼠标上的滚轮来实现幻灯片的放映。

● 在展台浏览：在展台浏览是 3 种放映方式中最简单的方式，这种方式将自动全屏放映幻灯片，并且循环放映演示文稿，在放映过程中，除了通过超链接或动作按钮来进行切换以外，其他的功能都不能使用，如果要停止放映，只能按 Esc 键来终止。

第 8 章　计算机网络

【本章知识要点】

❶ 安装网络服务

❷ 安装与配置网络协议

❸ 设置共享文件夹

❹ 设置网络打印机

❺ 无线路由器的安装与参数设置

❻ 常用命令的使用（**ipconfig**、**ping**、**tracert** 命令）

❼ 浏览器的选择、安装与设置

❽ 安装浏览器扩展程序

8.1　设置 Windows 网络共享

文件夹和打印机共享是局域网下进行资源共享的常用方法，但由于共享涉及因素较多，容易出现各种故障，能正确设置共享，快速排除共享的各种故障，是应掌握的一项基本技能。

8.1.1　实验一　安装网络服务

【实验目的】

熟悉 Windows 系统中"文件和打印机共享"选项的设置方法。

【实验任务】

打开"文件和打印机共享"设置选项。

【实验内容】

（1）选择"开始"菜单→"设置"命令，打开"设置"窗口，在窗口中依次选择"隐私和安全性"→"Windows 安全中心"选项，找到"防火墙和网络保护"图标并单击，如图 8.1 所示。

（2）在"防火墙和网络保护"窗口中单击"允许应用通过防火墙"链接，如图 8.2 所示。

（3）在"允许的应用"窗口中，单击"更改设置"按钮，并向下拉动右侧滚动条，找到"文件和打印机共享"选项，勾选"专用"和"公用"两个复选框后，单击"确定"按钮，如图 8.3 所示。

（4）在"设置"窗口中选择"网络和 Internet"选项，找到"高级网络设置"图标并单击如图 8.4 所示。

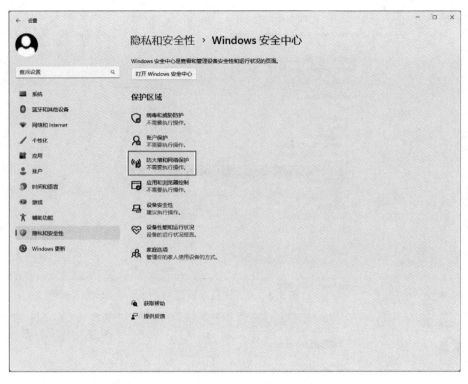

图 8.1 Windows 安全中心设置

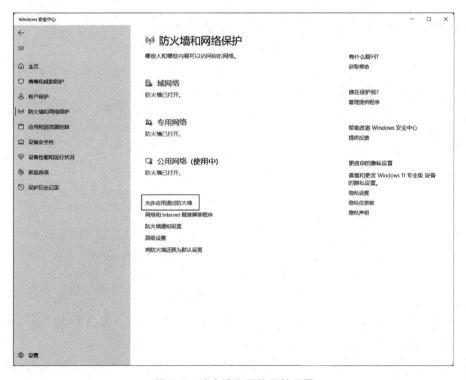

图 8.2 防火墙和网络保护设置

图 8.3　允许的应用设置

图 8.4　网络和 Internet 设置

（5）在"高级网络设置"窗口中点击"高级共享设置"链接，将"专用网络"和"公用网络"下的"文件和打印机共享"选项设置为"开"，如图 8.5 所示。

（6）在"选择网络服务"对话框中的列表框里选择"Microsoft 网络的文件和打印机共享"选项，然后单击"确定"按钮，"Microsoft 网络的文件和打印机共享"服务就被添加到了网络组件中。

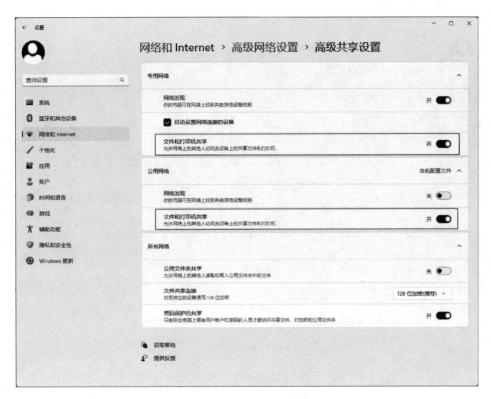

图 8.5　高级共享设置

8.1.2　实验二　安装与配置网络协议

利用 Windows 共享网络文件和打印机时，一般情况下可使用 TCP/IP 协议。配置 TCP/IP 协议需要设置本机 IP、子网掩码、默认网关、首选 DNS 服务器等内容。

【实验目的】

熟悉 Windows 系统中网络协议的安装和配置方法。

【实验任务】

安装和配置 Internet 协议版本 4（TCP/IPv4）。

【实验内容】

（1）在"设置"窗口中选择"网络和 Internet"选项，单击"WLAN"或"以太网"图标（具体选择根据用户是使用无线网络还是有线网络来确定），如图 8.6 所示。

（2）进入网络接口的设置界面后，如果网络中通过 DHCP 服务来自动分配动态 IP 地址，则选中自动获得 IP 地址；否则，单击"IP 分配"选项旁边的"编辑"按钮，在弹出的对话框中输入相应的 IP 地址、子网掩码、网关和首选 DNS（向网络管理人员索取相应地址信息）。在设计和组建一个网络时，网络管理员必须要对网络地址进行规划和设置，例如，使用哪一类 IP 地址，需要为多少台计算机分配 IP 地址，每台计算机是自动获取 IP 地址（动态 IP 地址，通过 DHCP 服务实现），还是通过手工方式进行设置（静态 IP 地址）等，如图 8.7 所示。

图 8.6　网络和 Internet 设置

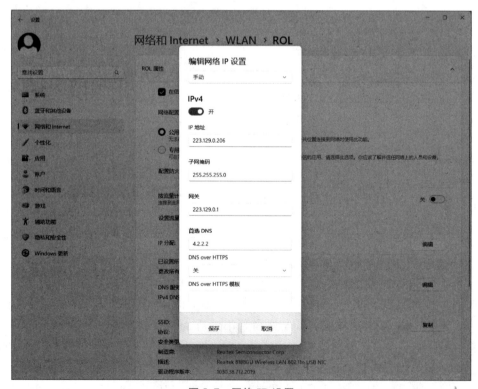

图 8.7　网络 IP 设置

8.1.3　实验三　设置共享文件夹

在 Windows 提供的功能中，如何让用户能够通过网络访问位于其他计算机内的文件夹与文件，是相当重要的功能，为这了达到这个目的，必须通过所谓的"共享文件夹"来实现。添加共享文件夹时，需要注意：

- 共享文件夹必须设置一个"共享名"。
- 可以设置用户对共享文件夹的权限。
- 共享文件夹权限只对通过网络来访问共享文件夹的用户有效。

共享文件夹权限的类型有以下 3 种：

- 读取：查看该共享文件夹内的文件名称、子文件夹名称，查看文件内的数据，运行程序，遍历子文件夹。
- 更改；除了具有"读取"的全部权限外，还具有增加、修改的功能。
- 完全控制：除了具有"读取"与"更改"的全部权限外，还具有删除等所有的权限。

【实验目的】

熟悉 Windows 系统中共享文件夹的设置。

【实验任务】

设置共享文件夹。

【实验内容】

（1）选定要共享的文件夹，单击鼠标右键，在弹出的快捷菜单中选择"属性"命令，如图 8.8 所示。

图 8.8　选择快捷菜单中的"属性"命令

（2）在"WorkSpace 属性"对话框中选择"共享"选项卡，单击"共享"或"高级共享"按钮，如图 8.9 所示。

（3）如果单击"高级共享"按钮，则可以对共享名、访问用户数量限制和权限等进行设置，如图 8.10 所示。

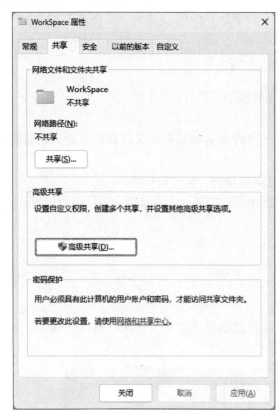

图 8.9 "WorkSpace 属性"对话框

图 8.10 "高级共享"对话框

（4）如果在"高级共享"对话框中单击"权限"按钮，则可以设置用户的访问权限，如图 8.11 所示。

【知识拓展】

如果要将共享的文件夹隐藏起来，让用户在浏览网络上的资源时看不到它，则共享名最后一个字符请用"$"。

设置好的共享文件夹可以通过如下几种方式访问：

（1）在资源管理器左侧列表中选择"网络"选项，在右侧窗口找到设置了共享资源的计算机后双击访问。

（2）直接在资源管理器的地址栏中输入两条反斜杠开始的共享资源地址即可，地址的格式是"\\计算机名称\文件夹名称"。

（3）对于经常使用的共享文件夹，在其上单击右键，在弹出的快捷菜单中选择"映射网络驱动器"选项，并为其分配一个驱动器号，即可将网络共享资源设置为网络驱动器。

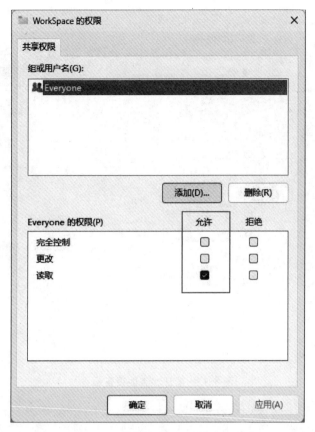

图 8.11 "WorkSpace 的权限"对话框

8.1.4 实验四 设置共享网络打印机

【实验目的】

熟悉 WINDOWS 系统中共享网络打印机的设置方法。

【实验任务】

设置共享网络打印机。

【实验内容】

(1) 在"设置"窗口中选择"蓝牙和其他设备"选项,单击"打印机和扫描仪"图标,如图 8.12 所示。

(2) 单击"添加设备"按钮安装打印机,然后在设备列表中选择已正确安装的打印机,如图 8.13 所示。

(3) 在所选打印机的设置界面中单击"打印机属性"按钮,弹出打印机的属性对话框。在对话框中选择"共享"选项卡,勾选"共享这台打印机"选项并填上共享打印机的名称,如图 8.14 所示。

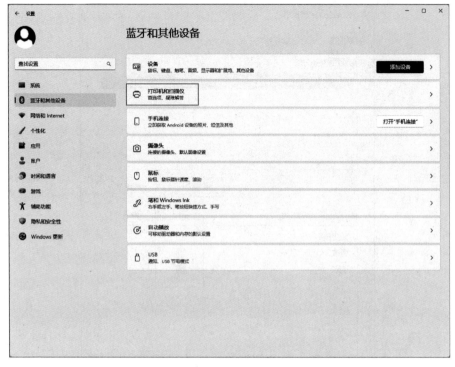

图 8.12　蓝牙和其他设备设置

图 8.13　打印机和扫描仪设置

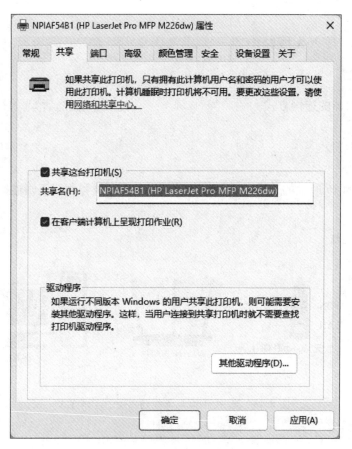

图 8.14 共享打印机设置

（4）在另一台计算机的"打印机和扫描仪"设置窗口中依次选择"添加设备"→"手动添加"选项，在"添加打印机"向导对话框中依次单击"下一步"按钮，选择共享的那台打印机，即可选定好网络打印机。

8.2 无线路由器的接入与配置

目前常见的宽带接入方式有 ADSL 接入、Cable Modem 和以太网接入 3 种。其中的 ADSL 和 Cable Modem 均是利用现在的铜线资源接入网络，而以太网接入方式目前主要采用基于光纤的光通信接入方式。本节的实验内容适用以下这种场景：假设拥有一个以太网光通信接入接口，准备架设无线路由器构建一个无线局域网（WLAN）。

通常在租借电信运营商的以太网光通信接入接口时，用户会免费获得一个光通信端点设备（光 Modem）。虽然免费提供的光 Modem 大多已经具有无线路由功能，但是由于远程管理及成本等诸多原因，免费提供的光 Modem 在功能及无线信号强度等方面有待改进，于是在接入光 Modem 后，可以再接入一个无线路由器，配置好新的无线路由器后还可以关掉光 Modem 的无线或路由功能。

8.2.1 实验五 接入无线路由器

【实验目的】
熟悉无线路由器的连接方式。
【实验任务】
连接无线路由器。
【实验内容】
（1）按照图8.15所示的连接方式，将各通信设备电源线和网线正确连接。

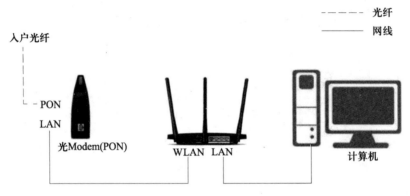

图8.15 光Modem与无线路由器的连接方式

1. PON：passive optical network，无源光网络；
2. LAN：local area network，局域网；3. WLAN：wireless LAN，无线局域网。

（2）在一台以网线方式或无线方式连接至无线路由器的计算机上，通过浏览器访问无线路由器地址，无线路由器的默认访问地址可在说明书上查到。注意：如果光Modem和无线路由器的访问地址相同，请先断开光Modem的电源，待配置好无线路由器后再接通光Modem的电源。

8.2.2 实验六 设置无线路由器

【实验目的】
熟悉无线路由器的设置方法。
【实验任务】
设置无线路由器。
【实验内容】
（1）在浏览器中输入无线路由器的管理员账号及密码登入（可查阅说明书或在无线路由器面板标签上查看），本节实验中使用的无线路由器管理界面可能与读者真实使用的界面不一致，仅作参考。如图8.16所示。

图 8.16　通过浏览器访问无线路由器

（2）选择"常用设置"页面中的"Wi-Fi 设置"选项，如图 8.17 所示。

图 8.17　选择"Wi-Fi 设置"选项

（3）设置 Wi-Fi 的名称、加密方式和密码，如图 8.18 所示。

图 8.18　进行 Wi-Fi 设置

（4）选择"常用设置"页面中的"上网设置"选项，如图 8.19 所示。

图 8.19　选择"上网设置"选项

（5）选择对应的"上网方式"。通常网络服务商会在安装光 Modem 时，为用户设置好上网方式及对应账号密码。此种情况下可以在无线路由器上选择上网方式为 DHCP，如图 8.20 所示。

（6）如果没有使用光 Modem，而是用户直接通过无线路由器接入网络服务商网络，则可以在无线路由器上选择上网方式为 PPPoE，并输入网络服务商提供的接入账号与密码，如图 8.21 所示。

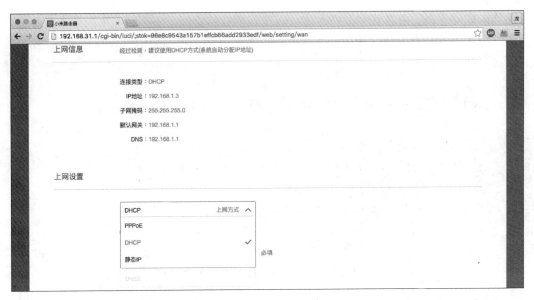

图 8.20　设置上网方式

图 8.21　设置 PPPoE 上网方式

8.3　测试网络的连通性

将网络的硬件连接好，然后进行相应的软件和协议配置，当所有这些操作结束后，并不意味着网络就能够连通，或者说并非所有的计算机都能连接到网络上，其中可能会出现各种各样的问题。因此，本实验的目的就在于，通过对网络连通的检测和测试，寻找出现问题的起源，并针对这些问题进行解决。

8.3.1 实验七 使用 ipconfig 命令查看本机 Internet 协议配置情况

微视频 8-1

ipconfig 命令的使用

【实验目的】

熟悉使用命令查看本机 Internet 协议配置的方式。

【实验任务】

使用 ipconfig 命令查看本机 Internet 协议配置。

【实验内容】

（1）进入"命令提示符"窗口，在命令行中输入"ipconfig"命令，按 Enter 键，显示本机 TCP/IP 的配置，如图 8.22 所示。

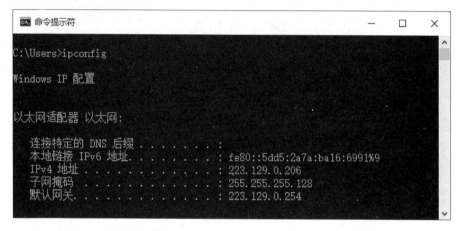

图 8.22 使用 ipconfig 命令查看本机 TCP/IP 配置

（2）若要查看更为详细的信息，可以执行"ipconfig/all"命令；若要清除 DNS 缓存，可以执行"ipconfig/flushdns"命令；若要查看 ipconfig 命令的其他参数，可以执行"ipconfig/?"命令。

8.3.2 实验八 使用 ping 命令测试网络的连通性

微视频 8-2

ping 命令的使用

【实验目的】

熟悉使用命令测试网络连通性的方式。

【实验任务】

使用 ping 命令测试网络的连通性。

【实验内容】

（1）进入"命令提示符"窗口，在命令行中输入"ping 127.0.0.1"命令，按 Enter 键（其中"127.0.0.1"是用于本地回路测试的 IP 地址，代表 Localhost，即本地主机）。若能接收到正确的应答响应且没有数据包丢失，则表示本机的 TCP/IP 工作正常（应答信息中的"字节"表示测试数据包的大小，"时间"表示数据包的延迟时间，"TTL"表示数据包的生存期）；若应答响应不正确（数据包丢失或目的主机无法达到等），则查看网络设置，确认本机是否安装了 TCP/IP 协议，如图 8.23 所示。

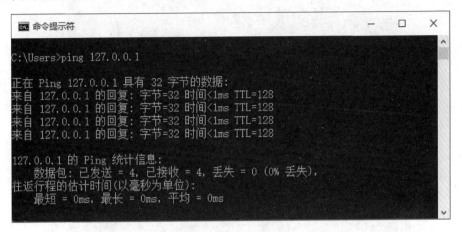

图 8.23　ping 本地主机

（2）在命令行中，输入"ping 默认网关地址"命令，然后按 Enter 键，其中默认网关地址就是在实验内容（1）中所查看到的默认网关（default gateway）地址，若查看到的地址为"192.168.0.1"，则输入"ping 192.168.0.1"命令。若能接收到应答信息且没有数据包丢失，则表示本机 TCP/IP 的配置正确，且该计算机在网络上可以进行通信；若收到如图 8.24 所示的应答信息，就表示数据包无法达到目的主机或数据包丢失，需重新检查或设置本机的 TCP/IP 协议配置参数（很多时候都是因为 IP 地址或子网掩码输入错误造成）。

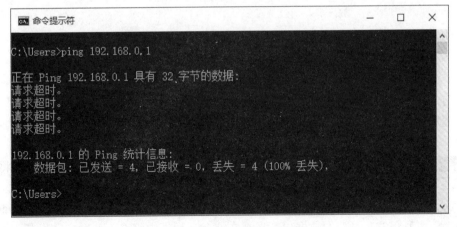

图 8.24　ping 网关 IP 地址

（3）在命令行中，输入"ping X"命令，其中 X 代表另外一台已连通到网络上的计算机所使用的 IP 地址。按 Enter 键后，如果同样能够接收到对方正确的应答信息且没有数据包丢失，则表示本机与对方计算机之间可以互相通信，并正确地连接到网络上；如果不通，则检查网络电缆是否插好。若还出现问题，则重新测试或制作网络电缆。若还不能解决问题，则说明地址解析可能出现问题，需将 TCP/IP 协议删除并重新安装，如图 8.25 所示。

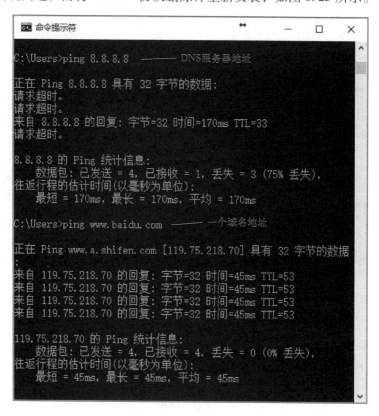

图 8.25　ping 远程主机

8.3.3　实验九　使用 tracert 命令查看网络数据包的路由信息

　　tracert 命令用 IP 生存时间（TTL）和 Internet 控制消息协议（ICMP）来探测数据仓从源地址主机到目的地址主机所经过的路由信息。tracert 命令不断发出 TTL 值递增的 ICMP 数据仓。每个路由器在转发数据包之前会将数据包上的 TTL 值减 1。当数据包上的 TTL 减为 0 时，路由器应该将"ICMP 已超时"的消息发回源系统。

微视频 8-3

tracert 命令的使用

　　tracert 先发送 TTL 为 1 的回应数据包，并在随后的每次发送过程将 TTL 递增 1，直到目标响应或 TTL 达到最大值，通过检查中间路由器发回的"ICMP 已超时"的消息，从而确定数据包所走的路由。如果某些路由器不经询问直接丢弃 TTL 过期的数据包，那么在 tracert 程序中将看不到对应转发节点。

　　【实验目的】

　　熟悉使用命令查看网络数据包路由信息的方式。

【实验任务】

使用 tracert 命令查看网络数据包的路由信息。

【实验内容】

（1）进入"命令提示符"窗口，在命令行中输入"tracert www. baidu. com"命令，按 Enter 键。若能接收到正确的应答响应，则会出现类似图 8.26 所示的响应信息。

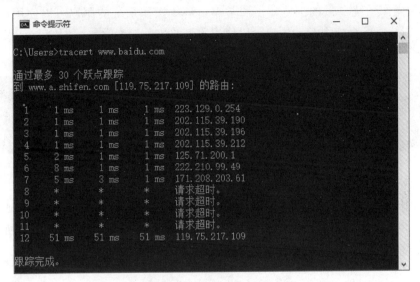

图 8.26　使用 tracert 查看网络数据包路由信息

（2）观察反馈，可以看到数据包经过的路由信息。第 1 列显示了路由器的顺序；第 2、3、4 列分别显示路由器响应时间的最小延时、平均延时和最高延时，如果出现 * 号，则表示超时；第 5 列显示路由器的 IP 地址，如果出现"请求超时"字样，则表示路由器拒绝回复。

8.4　WWW 服务

WWW 服务（World Wide Web 服务）是目前应用最广泛的一种基本互联网应用，采用客户/服务器模式（client/server model）工作，服务器整理和储存各种 WWW 资源，并响应客户机软件（通常是浏览器）的请求，把所需的信息资源通过网络传送给用户。

8.4.1　实验十　浏览器的选择、安装与设置

浏览器是一种用于展示 WWW 信息资源的应用程序，这些信息资源可为网页、图片、影音或其他内容，它们由统一资源定位符（uniform resource locator，URL）标志。信息资源中的超链接可方便用户浏览相关信息。主流网页浏览器有 Google Chrome、Internet Explorer（IE）/ Microsoft Edge、Mozilla Firefox、Safari 及 Opera 等，按照使用的浏览器选渲染引擎又可分为 Blink（Chrome）、Trident（IE）、Gecko（Firefox）和 WebKit（Safari）等。

【实验目的】

熟悉主流浏览器的安装与设置方法。

【实验任务】

安装与设置 Chrome 浏览器。

【实验内容】

（1）使用操作系统自带的浏览器。通常 Windows 操作系统的用户可以使用微软的 IE 或 Edge 浏览器，Mac OS 操作系统的用户可以使用苹果的 Safari 浏览器，各种 Linux 发行版可以使用 Mozilla 基金会的 Firefox 浏览器，如图 8.27 所示。

图 8.27 各种常见的浏览器

（2）下载与安装其他的浏览器。可以通过 baidu 或 bing 等搜索引擎快速查找到相关浏览器的下载网站，下载并安装对应浏览器，本实验以 Chrome 浏览器为例，如图 8.28 所示。

图 8.28 下载 Chrome 浏览器

（3）设置浏览器。打开已安装的 Chrome 浏览器，单击控制按钮，选择设置命令，显示设置界面，如图 8.29 所示。

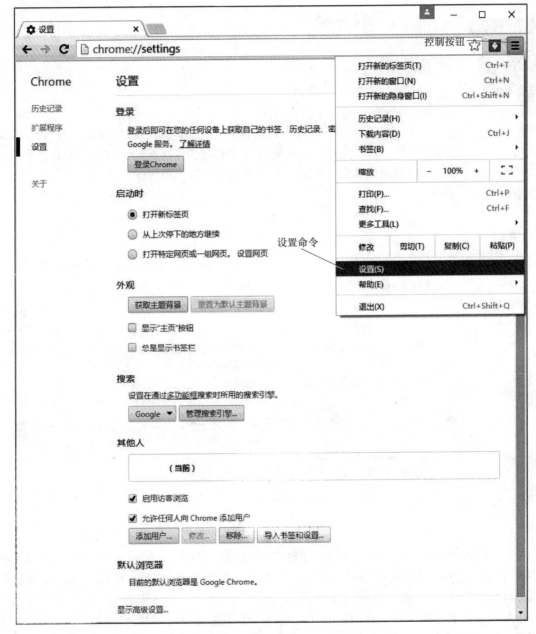

图 8.29 设置 Chrome 浏览器

（4）在常规设置界面，可以设置登录 Chrome 的账号、启动时主页、外观、搜索，导入书签等选项。单击"显示高级设置"按钮，可以设置隐私、密码和表单、网络内容、网络、语言、下载内容、云打印等选项。

8.4.2 实验十一 为浏览器安装扩展程序

微视频 8-4

扩展程序的安装实例

【实验目的】

熟悉为浏览器安装扩展程序的方法。

【实验任务】

为 Chrome 浏览器安装扩展程序。

【实验内容】

（1）目前很多浏览器都支持安装扩展程序，扩展程序可以让用户自定义浏览器的各种功能。在 Chrome 浏览器中单击控制按钮，选择工具子菜单中的"扩展程序"命令，可以显示扩展程序界面。单击"获取更多扩展程序"链接，可以选择安装多种扩展程序，如图 8.30 所示。

图 8.30 扩展程序设置界面

（2）在 Chrome 网上应用店的搜索栏中输入"adblock plus"，勾选扩展程序并搜索。在搜索结果列表中选择"Adblock Plus"扩展，点击"添加至 CHROME"按钮，即可安装此扩展。Adblock Plus 是一款非常强大的广告拦截扩展，在 Chrome 浏览器中安装并启用了 Adblock Plus 扩展之后，它会自动屏蔽网页中的广告并把空白的页面合并到一起，就像广告从来没有出现过一样。Adblock Plus 不仅支持普通的广告屏蔽，同时也支持禁用广告跟踪、拦截恶意软件等高级功能，只需在 Adblock Plus 扩展设置里启用相应的功能即可。通过这些高级功能，用户不仅可以过滤掉网站中的广告信息，更可以保护用户隐私和上网安全免受恶意网站的攻击，如图 8.31 所示。

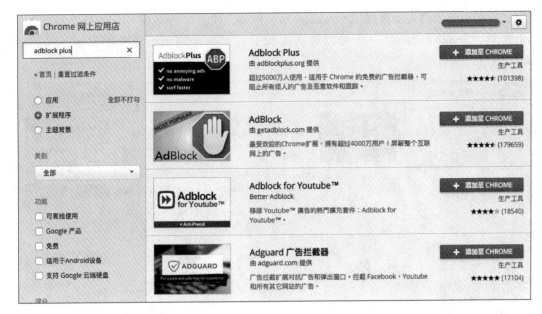

图 8.31　安装 Adblock Plus 扩展

（3）在 Chrome 网上应用店的搜索栏中输入"evernote"，勾选扩展程序并搜索。在搜索结果列表中选择"印象笔记·剪藏"扩展，单击"添加至 CHROME"按钮，即可安装此扩展。"印象笔记·剪藏"可以一键收藏各类网页图文，永久保存到印象笔记，并能随时随地查看和编辑，如图 8.32 所示。

图 8.32　安装印象笔记剪藏扩展

（4）在 Chrome 网上应用店的搜索栏中输入"AutoPagerize"，选中"扩展程序"单选按钮并搜索。在搜索结果列表中选择"AutoPagerize"扩展，单击"添加至 CHROME"按钮，即可安装此扩展。AutoPagerize 是一个可以自动加载下一页并合并到当前页的扩展，如图 8.33 所示。

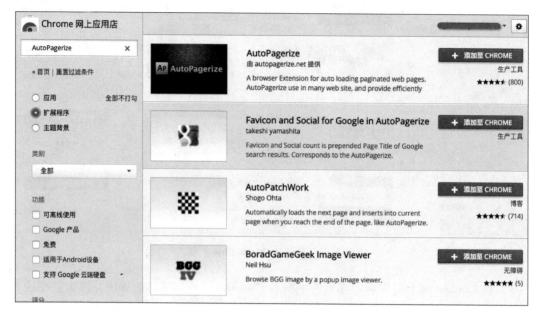

图 8.33　安装 AutoPagerize 扩展

Chrome 网上应用店中有着大量的优秀扩展程序，用户只需搜索添加即可使用。

参考文献

［1］龚沛曾，杨志强．大学计算机上机实验指导与测试［M］．7版．北京：高等教育出版社，2017.

［2］李凤霞．大学计算机实验［M］．2版．北京：高等教育出版社，2020.

［3］董卫军等．大学计算机［M］．2版．北京：电子工业出版社，2020.

［4］教育部考试中心．全国计算机等级考试二级教程——MS Office 高级应用与设计．北京：高等教育出版社，2022.

郑重声明

高等教育出版社依法对本书享有专有出版权。任何未经许可的复制、销售行为均违反《中华人民共和国著作权法》，其行为人将承担相应的民事责任和行政责任；构成犯罪的，将被依法追究刑事责任。为了维护市场秩序，保护读者的合法权益，避免读者误用盗版书造成不良后果，我社将配合行政执法部门和司法机关对违法犯罪的单位和个人进行严厉打击。社会各界人士如发现上述侵权行为，希望及时举报，我社将奖励举报有功人员。

反盗版举报电话　（010）58581999　58582371
反盗版举报邮箱　dd@hep.com.cn
通信地址　北京市西城区德外大街4号　高等教育出版社法律事务部
邮政编码　100120

读者意见反馈

为收集对教材的意见建议，进一步完善教材编写并做好服务工作，读者可将对本教材的意见建议通过如下渠道反馈至我社。

咨询电话　400-810-0598
反馈邮箱　gjdzfwb@pub.hep.cn
通信地址　北京市朝阳区惠新东街4号富盛大厦1座　高等教育出版社工科事业部
邮政编码　100029

防伪查询说明

用户购书后刮开封底防伪涂层，使用手机微信等软件扫描二维码，会跳转至防伪查询网页，获得所购图书详细信息。

防伪客服电话　（010）58582300

网络增值服务使用说明

一、注册/登录

访问 http://abook.hep.com.cn/，点击"注册"，在注册页面输入用户名、密码及常用的邮箱进行注册。已注册的用户直接输入用户名和密码登录即可进入"我的课程"页面。

二、课程绑定

点击"我的课程"页面右上方"绑定课程"，正确输入教材封底防伪标签上的20位密码，点击"确定"完成课程绑定。

三、访问课程

在"正在学习"列表中选择已绑定的课程，点击"进入课程"即可浏览或下载与本书配套的课程资源。刚绑定的课程请在"申请学习"列表中选择相应课程并点击"进入课程"。

如有账号问题，请发邮件至：abook@hep.com.cn。